U0123800

21世纪高等学校计算机系列规划教材

C语言程序设计学习与实践指导

王朝晖　卢晓东　编著

清华大学出版社
北京

内 容 简 介

本书以C语言程序设计为蓝本阐述了计算机程序设计的方法。全书分两部分。第一部分为学习指导，共13章，每章内容包括知识要点归纳、习题分析与解答、测试题三部分。第二部分为实验指导，共10章，其内容与第一部分呼应。本书最后的附录部分给出测试题目的参考答案、全国及江苏省计算机二级考试C语言的考试大纲及考试试卷和参考答案。

本书可作为高等院校C语言程序设计课程的配套实验教材，也可作为相关教师和学生的参考用书。

图书在版编目（CIP）数据

C语言程序设计学习与实践指导 / 王朝晖等编著. —北京：清华大学出版社，2011.2
ISBN 978-7-302-24560-5

Ⅰ. ①C… Ⅱ. ①王… Ⅲ. ①C语言-程序设计-高等学校-教学参考资料 Ⅳ. ①TP312

中国版本图书馆CIP数据核字（2011）第009246号

责任编辑：魏江江
责任校对：焦丽丽
责任印制：何 芊
出版发行：清华大学出版社 **地 址**：北京清华大学学研大厦A座
http://www.tup.com.cn **邮 编**：100084
社 总 机：010-62770175 **邮 购**：010-62786544
投稿与读者服务：010-62795954，jsjjc@tup.tsinghua.edu.cn
质 量 反 馈：010-62772015，zhiliang@tup.tsinghua.edu.cn
印 装 者：北京国马印刷厂
经 销：全国新华书店
开 本：185×260 **印 张**：17 **字 数**：403千字
版 次：2011年2月第1版 **印 次**：2011年2月第1次印刷
印 数：1～3000
定 价：29.00元

产品编号：038848-01

编审委员会成员

（按地区排序）

出版说明

随着我国改革开放的进一步深化，高等教育也得到了快速发展，各地高校紧密结合地方经济建设发展需要，科学运用市场调节机制，加大了使用信息科学等现代科学技术提升、改造传统学科专业的投入力度，通过教育改革合理调整和配置了教育资源，优化了传统学科专业，积极为地方经济建设输送人才，为我国经济社会的快速、健康和可持续发展以及高等教育自身的改革发展做出了巨大贡献。但是，高等教育质量还需要进一步提高以适应经济社会发展的需要，不少高校的专业设置和结构不尽合理，教师队伍整体素质亟待提高，人才培养模式、教学内容和方法需要进一步转变，学生的实践能力和创新精神亟待加强。

教育部一直十分重视高等教育质量工作。2007 年 1 月,教育部下发了《关于实施高等学校本科教学质量与教学改革工程的意见》，计划实施“高等学校本科教学质量与教学改革工程（简称‘质量工程’）”，通过专业结构调整、课程教材建设、实践教学改革、教学团队建设等多项内容，进一步深化高等学校教学改革，提高人才培养的能力和水平，更好地满足经济社会发展对高素质人才的需要。在贯彻和落实教育部“质量工程”的过程中，各地高校发挥师资力量强、办学经验丰富、教学资源充裕等优势，对其特色专业及特色课程（群）加以规划、整理和总结，更新教学内容、改革课程体系，建设了一大批内容新、体系新、方法新、手段新的特色课程。在此基础上，经教育部相关教学指导委员会专家的指导和建议，清华大学出版社在多个领域精选各高校的特色课程，分别规划出版系列教材，以配合“质量工程”的实施，满足各高校教学质量和教学改革的需要。

本系列教材立足于计算机公共课程领域，以公共基础课为主、专业基础课为辅，横向满足高校多层次教学的需要。在规划过程中体现了如下一些基本原则和特点。

（1）面向多层次、多学科专业，强调计算机在各专业中的应用。教材内容坚持基本理论适度，反映各层次对基本理论和原理的需求，同时加强实践和应用环节。

（2）反映教学需要，促进教学发展。教材要适应多样化的教学需要，正确把握教学内容和课程体系的改革方向，在选择教材内容和编写体系时注意体现素质教育、创新能力与实践能力的培养，为学生的知识、能力、素质协调发展创造条件。

（3）实施精品战略，突出重点，保证质量。规划教材把重点放在公共基础课和专业基础课的教材建设上； 特别注意选择并安排一部分原来基础比较好的优秀教材或讲义修订再版，逐步形成精品教材； 提倡并鼓励编写体现教学质量和教学改革成果的教材。

（4）主张一纲多本，合理配套。基础课和专业基础课教材配套，同一门课程可以有针对不同层次、面向不同专业的多本具有各自内容特点的教材。处理好教材统一性与多样化，基本教材与辅助教材、教学参考书，文字教材与软件教材的关系，实现教材系列资源配套。

（5）依靠专家，择优选用。在制定教材规划时依靠各课程专家在调查研究本课程教材建设现状的基础上提出规划选题。在落实主编人选时，要引入竞争机制，通过申报、评审确定主题。书稿完成后要认真实行审稿程序，确保出书质量。

繁荣教材出版事业，提高教材质量的关键是教师。建立一支高水平教材编写梯队才能保证教材的编写质量和建设力度，希望有志于教材建设的教师能够加入到我们的编写队伍中来。

21世纪高等学校计算机系列规划教材

联系人：魏江江 weijj@tup.tsinghua.edu.cn

前言

C 语言是国内外广泛使用的一种计算机高级语言。其功能强、可移植性好，既有高级语言的优点，又具有低级语言的特点，特别适合编写系统软件。

C 语言不仅受到计算机专业人士的喜欢，也受到非计算机专业人士的青睐。许多高等院校在计算机专业和非计算机专业都开设了 C 语言程序设计课程。全国的计算机等级考试、江苏省的计算机等级考试以及其他各省的计算机等级考试都把 C 语言列入了二级考试范围。为了帮助学生更快更好地掌握 C 语言程序设计的特点，理解和掌握常用的程序设计算法和思想，我们结合近 20 年一线教学的实践经验，参照《全国计算机等级考试二级 C 语言程序设计大纲》和《江苏省高等学校非计算机专业学生计算机知识与应用能力等级考试大纲》规定的二级 C 语言考试要求编写了本书内容。

本书的最大特点是由简到难，循序渐进。本书列举了大量的典型题目，同时给出详细的分析和解答，为了使读者能进一步自主进行强化训练，我们根据每一个 C 语言的知识点给出相应的练习题目，同时在附录中也给出正确的参考答案，方便读者判断自己解题正确与否，提高学习效率。实验部分内容实用性强。书中对每一个实验题目都精心设计，前后连贯，加深对基础知识的运用和常用算法的理解和掌握。

本书包括上、下两部分。

第一部分是 C 语言程序设计学习理论指导，共分 12 章。在每一章知识要点部分都对相应的章节内容进行了归纳和总结；在例题分析和解答部分列举了一些容易出错、具有一定难度的选择题和填空题，对其给予详尽的分析和解答；之后，为了强化和掌握本章的知识内容，给出了相关的测试题目和参考答案。

第二部分是 C 语言程序设计学习实验指导，共分 10 章。在每一章中，针对每个实验题目，都给出实验要求、算法提示等内容，要求学生给出完整的代码实现部分，同时，根据问题需要，提出了相关内容的思考问题，帮助学生更加深刻透彻地理解该实验的知识要点。

本书由王朝晖和卢晓东主编，第一部分的第 1~5 章、第二部分的第 13~17 章内容及附录内容由王朝晖编写，第一部分的第 6~12 章、第二部分的第 18~22 章内容及附录部分内容由卢晓东编写，最后由王朝晖统稿。本书是在苏州大学计算机科学与技术学院院长杨季文老师，大学计算机教学部主任陈建明老师的关心与支持下完成的，编写过程中也得到了大学计算机教学部张志强老师以及其他老师的大力支持，在此一并表示感谢！

由于时间仓促，本书难免会有错误和不足之处，作者恳请读者批评指正。

编者

2010 年 11 月于苏州大学

目录

第一部分　理论指导

第二部分 实验指导

第一部分　理论指导

第 1 章

C 语言程序设计概述

1.1 知识要点

1.1.1 程序设计语言概述

1. 程序设计语言的发展

（1）机器语言

机器语言使用由 0 和 1 序列构成的指令码编程。用机器语言编写的程序可以被机器直接执行，但不直观，难记、难理解、不易掌握。

（2）汇编语言

汇编语言用一些“助记符号”来代替 0 和 1 编程，如 ADD、SUB 等。用汇编语言编写的程序不能被机器直接执行，要翻译成机器语言程序才能执行。

汇编语言和机器语言都依 CPU 的不同而异，它们都是面向机器的语言。

（3）高级语言

高级语言接近于自然语言和数学语言，是不依赖任何机器的一种容易理解和掌握的语言。

用高级语言编写的程序称为“源程序”。源程序不能在计算机上直接运行，必须将其翻译成由 0 和 1 组成的二进制程序才能执行。翻译过程有两种方式：一种是翻译一句执行一句，称为“解释执行”方式，完成翻译工作的程序称为“解释程序”；另一种是全部翻译成二进制程序后再执行，称为“编译执行”，完成翻译工作的程序称为“编译程序”，编译后的二进制程序称为“目标程序”。

2. 结构化的程序设计方法

结构化的程序设计方法强调程序结构的规范化，一般采用顺序结构、分支结构和循环结构 3 种基本结构。而且，结构化的程序设计可以总结为一种自顶向下、逐步细化和模块化的设计方法。

所谓“自顶向下，逐步细化”，是指先整体后局部的设计方法。即先求解问题的轮廓，然后再逐步求精。先整体后细节，先抽象后具体的过程。

所谓“模块化”，是将一个大任务分成若干较小任务，即复杂问题简单化。每个小任务完成一定的功能，称为“功能模块”。各个功能模块组合在一起就解决了一个复杂的大问题。

1.1.2 C 语言的特点

C 语言是一种结构紧凑、使用方便、程序执行效率高的编程语言，它有 9 种控制语句、32 个关键字（见表 1.1）和 34 种运算符。C 语言的主要特点如下：

（1）语言表达能力强。

（2）语言简洁、紧凑，使用灵活，易于学习和使用。

（3）数据类型丰富，具有很强的结构化控制性。

（4）语言生成的代码质量高。

（5）语法限制不严格，程序设计自由度大。

（6）可移植性好。

表 1.1　C 语言关键字

auto	break	case	char	const	continue	default
double	else	enum	extern	float	for	goto
int	long	register	return	short	signed	sizeof
do	if	static	struct	switch	typedef	union
unsigned	void	volatile	while			

1.1.3 C 语言程序的构成

（1）C 语言的源程序是由函数构成的，每一个函数完成相对独立的功能，其中至少包括一个 main()函数。

（2）C 程序总是从 main()函数开始执行。

（3）C 语言规定每个语句以分号（;）结束，分号是语句组成不可缺少的部分。

（4）程序的注释部分应括在“/*”与“*/”之间，注释部分可以出现在程序的任何位置。

1.1.4 C 源程序的编辑、编译、连接与执行

C 程序是先由源文件经编译生成目标文件，然后经过连接生成可执行文件，如图 1.1 所示。

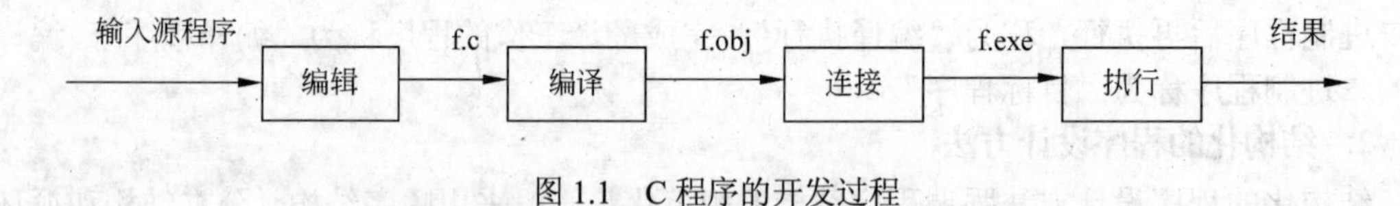

图 1.1　C 程序的开发过程

1.2 例题分析与解答

1.2.1 选择题

1．以下叙述中正确的是________。

A．程序设计的任务就是编写程序代码并上机调试
B．程序设计的任务就是确定所用数据结构
C．程序设计的任务就是确定所用算法
D．以上三种说法都不完整

分析：程序设计的任务是根据实际的需求，设计解决问题的算法和所用的数据结构，然后编写程序代码并上机调试，最终完成解决实际问题的计算机程序。

答案：D

2．C 语言源程序名的后缀是________。

A．.exe　　B．.c　　C．.obj　　D．.cpp

分析：C 语言源程序的后缀名是.c 或.C；后缀名为.exe 的文件是可执行文件；后缀名为.obj 的文件是目标文件；C++源程序后缀名为.cpp。

答案：B

3．以下叙述中错误的是________。

A．C 语言源程序经编译后生成后缀为.obj 的目标程序
B．C 语言源程序经过编译、连接步骤之后才能生成一个真正可执行的二进制机器指令文件
C．用 C 语言编写的程序称为源程序，它以 ASCII 码形式存放在一个文本文件中
D．C 语言中的每条可执行语句和非执行语句最终都将被转换成二进制的机器指令

分析：C 语言源程序经过编译后生成.obj 目标程序；C 程序经过编译、连接后才能形成一个可执行的二进制机器指令文件；用 C 语言编写的程序称为源程序，它以 ASCII 码形式存放在一个文本文件中，如 .c 文件；C 语言中的每条可执行语句将被转换成二进制的机器指令；非执行语句不能将被转换成二进制的机器指令。

答案：D

4．一个 C 程序的执行是从________。

A．本程序的 main()函数开始，本程序的 main()函数结束
B．本程序的第一个函数开始，本程序的最后一个函数结束
C．本程序的 main()函数开始，本程序的最后一个函数结束
D．本程序的第一个函数开始，本程序的 main()函数结束

分析：一个 C 程序总是从 main()函数开始执行的，而不论 main()函数在整个程序中的位置如何，main()函数可以放在程序的最前头，也可以放在程序最后，或在一些函数之前，在另一些函数之后。一个 C 程序的结束也是在本程序的 main()函数中结束。

答案：A

5．以下叙述不正确的是________。

A．一个 C 源程序可由一个或多个函数组成
B．一个 C 源程序必须包含一个 main()函数
C．C 程序的基本组成单位是函数
D．在 C 程序中，注释说明只能位于一条语句的后面

分析：在 C 语言中，"/* ...... */"表示注释部分，为便于理解，我们常用汉字表示

注释，当然也可以用英语或拼音作为注释。注释是给人看的，对编译和运行不起作用。注释可以加在程序中的任何位置。

答案： D

6．C语言规定，在一个源程序中，main()函数的位置________。

A．必须在最开始　　B．必须在系统调用的库函数的后面

C．可以任意位置　　D．必须在最后

分析： 一个C程序至少包含一个main()函数，也可以包含一个main()函数和若干个其他函数。main()函数可以在整个程序中的任意位置，可以放在程序的最前头，也可以放在程序最后，或在一些函数之前，在另一些函数之后。

答案： C

7．一个C语言程序是由________的。

A．一个主程序和若干子程序组成　　B．函数组成

C．若干过程组成　　D．若干子程序组成

分析： C程序是由函数构成的。一个C程序至少包含一个main()函数，也可以包含一个main()函数和若干个其他函数。因此，函数是C程序的基本单位。被调用的函数可以是系统提供的库函数（如printf和scanf函数），也可以是用户根据需要自己编写的函数（自定义函数）。C的函数相当于其他语言中的子程序。

答案： B

1.2.2 填空题

1．用高级语言编写的源程序必须通过________程序翻译成二进制程序才能执行，这个二进制程序称为________程序。

分析： 用高级语言编写的源程序有两种执行方式：一是利用“解释程序”，翻译一条语句，执行一条语句，这种方式不会产生可以执行的二进制程序，例如BASIC语言；二是利用“编译程序”一次翻译形成可以执行的二进制程序，例如C语言。凡是编译后生成的可执行二进制程序都称为“目标程序”。

答案： 编译　目标

2．C源程序的基本单位是________。

分析： C程序是由函数构成的。一个C程序至少包含一个main()函数，也可以包含一个main()函数和若干个其他函数。因此，函数是C程序的基本单位。

答案： 函数

3．一个C源程序中至少应包括一个________。

分析： 一个C程序至少包含一个main()函数，也可以包含一个main()函数和若干个其他函数。

答案： main()函数

4．在一个C源程序中，注释部分两侧的分界符分别为________和________。

分析： 在C语言中，用“/*” 和“*/”括起来的内容表示注释内容，为便于理解，我们常用汉字表示注释，当然也可以用英语或拼音作注释。注释是给人看的，对编译和运行不起作用。

答案：/*　*/

5. 在C语言中，输入操作是由库函数________完成的，输出操作是由库函数________完成的。

分析：在 C 语言中输入源数据用格式输入函数 scanf 来完成，而输出数据由 printf 来负责。语法格式见教材说明。

答案：scanf　printf

1.3 测试题

选择题

1. 以下叙述中正确的是________。
   A. 用 C 程序实现的算法必须要有输入和输出操作
   B. 用 C 程序实现的算法可以没有输出但必须要有输入
   C. 用 C 程序实现的算法可以没有输入但必须要有输出
   D. 用 C 程序实现的算法可以既没有输入也没有输出
2. 以下叙述中错误的是________。
   A. 算法正确的程序最终一定会结束
   B. 算法正确的程序可以有零个输出
   C. 算法正确的程序可以有零个输入
   D. 算法正确的程序对于相同的输入一定有相同的结果
3. 以下叙述中正确的是________。
   A. 用 C 程序实现的算法必须要有输入和输出操作
   B. 用 C 程序实现的算法可以没有输出但必须要有输入
   C. 用 C 程序实现的算法可以没有输入但必须要有输出
   D. 用 C 程序实现的算法可以既没有输出也没有输入
4. 以下不是算法特点的是________。
   A. 有穷性　　B. 确定性
   C. 有效性　　D. 有一个输入或多个输入
5. 表示一个算法，可以用不同的方法，不常用的有________。
   A. 自然语言　　B. 传统流程图
   C. 结构化流程图　　D. ASCII 码
6. 以下不属于结构化程序设计特点的是________。
   A. 自顶向下　　B. 逐步细化
   C. 模块化设计　　D. 使用无条件 goto 语句

第 2 章

基本数据类型、运算符与表达式

2.1 知识要点

2.1.1 C 语言的数据类型

C 语言的数据类型如下：

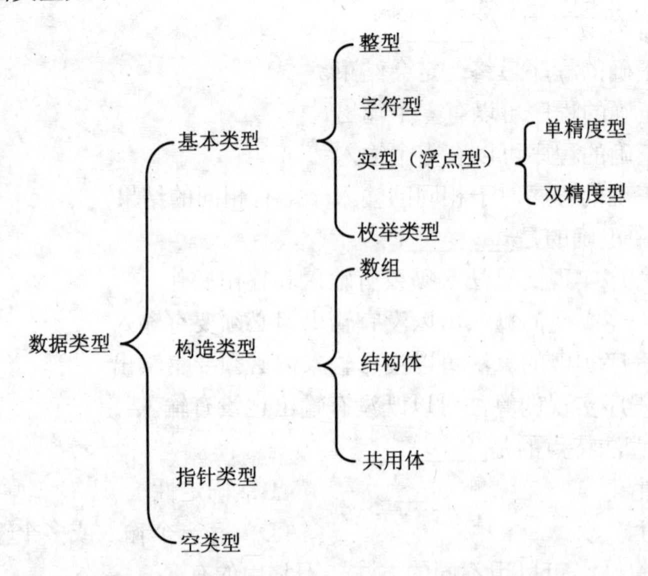

在 C 语言中表达数据分别用常量和变量，它们都属于以上这些类型。在程序中对用到的所有变量都必须指定其数据类型。本章主要介绍基本数据类型。

2.1.2 常量与变量

1. 常量

在程序运行过程中，其值不能被改变的量称为常量。如 12，0，34 为整型常量；1.4，–2.3 为实型常量；'a', '1'为字符常量；“china”为字符串常量。也可以用一个标识符代表一个常量，称为符号常量。整型常量有 3 种形式：十进制整型常量、八进制整型常量和十六进制整型常量。带前缀 0 的整型常量表示为八进制形式；前缀为 0x 或 0X，则表示十六进制形式。例如，十进制数 31 写成八进制形式为 037，写成十六进制形式为 0x1f 或 0X1F。

2. 变量

在程序运行过程中，其值可以改变的量称为变量。一个变量有一个名字，在内存中占据一定的存储单元。在该存储单元中存放变量的值。在 C 语言中，变量名只能由字母、数字和下划线三种字符组成，且第一个字符必须为字母或下划线，如 sum、_total、x1 等。注意，在变量的名字中出现的大写字母和小写字母被认为是两个不同的字符，所以 sum 和 SUM、a 和 A 是两个不同的变量名。

2.1.3 C 运算符

（1）算术运算符：＋ －　*　/　%

（2）关系运算符：＞　＜　＝＝　＜＝　＞＝　!=

（3）逻辑运算符：!　&&　||

（4）赋值运算符：＝　、

（5）条件运算符：？ ：

（6）逗号运算符：，

（7）指针运算符：*　&

（8）位运算符：＜＜　＞＞　~　|　^　&

（9）求字节数运算符：sizeof

（10）强制类型转换运算符：（类型）

（11）分量运算符：.　→

（12）下标运算符：[ ]

2.1.4 C 语言运算符的结合性和优先级

（1）在 C 语言的运算符中，所有的单目运算符、条件运算符、赋值运算符及其扩展运算符，结合方向都是从右向左，其余运算符的结合方向是从左向右。

（2）各类运算符的优先级比较：单目运算符>算术运算符（先乘除后加减）>关系运算符>逻辑运算符（不包括“!”）>条件运算符>赋值运算符>逗号运算符。

说明：以上优先级别有左到右递减，算术运算符优先级最高，逗号运算符优先级最低。

2.1.5 C 语言表达式

用运算符和括号将运算对象（操作数）连接起来的、符合 C 语法规则的式子，称为 C 语言表达式。运算对象包括常量、变量和函数等。例如，a*b/c+1.5（算术表达式）、a=a+2（赋值表达式）、3+5，7+8（逗号表达式）。

2.2 例题分析与解答

2.2.1 选择题

1．在 C 语言中，5 种基本数据类型的存储空间长度的排列顺序一般为________。

A．char<int<long int<=float<double

B．char=int<long int<=float<double

C．char<int<long int=float=double

D．char=int=long int<=float<double

分析： char 在内存中一般占用 1 个字节，int 一般占用 2 个字节，long int 一般占用 4 个字节，float 一般至少占用 4 个字节，double 一般占用 8 个字节。

答案： A

2．若 x、i、j 和 k 都是 int 型变量，则计算下面表达式后，x 的值为________。

```
x=(i=4,j=16,k=32)
```

A．4　　B．16　　C．32　　D．52

分析：（i=4, j=16, k=32）是逗号表达式，它的求解过程是：先求 i=4 的值为 4，再求 j=16 的值为 16，最后求 k=32 的值为 32。整个表达式（i=4, j=16, k=32）的值为表达式 k=32 的值 32。

答案： C

3．以下程序的输出结果是________。

```
#include  <stdio.h>
main( )
{
int i=4,a;
   a=i++;
   printf("a=%d,i=%d",a,i);
}
```

A．a=4,i=4　　B．a=5,i=4　　C．a=4,i=5　　D．a=5,i=5

分析： 本题考查的是自增运算符及赋值运算符的综合使用问题。自增运算符是一元运算符，其优化级比赋值运算符高，要先计算。把表达式 i++的值赋予 a，由于 i++的结果为当前 i 的值（当前 i 的值为 4），所以 i++的值为 4，得到 a 的值为 4。同时，计算了 i++后，i 由 4 变为 5。

答案： C

4．下述程序的输出结果是________。

```
#include <stdio.h>
void main( )
{
  char a=3,b=6;
  char c=a^b<<2;
  printf("\n%d",c);
}
```

A．27　　B．10　　C．20　　D．28

分析： 本例中的关键是位运算符的优先次序问题。因为“<<”运算符优先于“^”运

算，即 C=a^(b<<2)=3^(6*4)=3^24=00000011^00011000=27。

答案：A

5．若变量已正确定义并赋值，符合C语言语法的表达式是________。

A．a=a+7;　　B．a=7+b+c,a++　　C．int(12.3/4)　　D．a=a+7=c+b

分析：选项A中，“a=a+7;”赋值表达式的最后有一个分号“;”，C语言规定，语句用分号结束，所以“a=a+7;”是一条赋值语句。选项B中，“a=7+b+c,a++”是一个逗号表达式，它由“a=7+b+c”和“a++”两个表达式组成，前者是一个赋值表达式，后者是一个自增1的赋值表达式，所以它是一个合法的表达式。选项C中，“int(12.3/4)”看似一个强制类型转换表达式，但语法规定，类型名应当放在一对圆括号内才构成强制类型转换运算符，因此写成“(int) (12.3/4)”才是正确的。在使用强制类型转换运算符时，需要注意运算符的优先级，例如，“(int) (3.6*4)”和“(int)3.6*4”中因为“(int)”的优先级高于“*”运算符，因此它们将有不同的计算结果。选项D中，“a=a+7=c+b”看似一个赋值表达式，但是在“a+7=c+b”中，赋值号的左边是一个算术表达式“a+7;”按规定，赋值号的左边应该是一个变量或一个代表某个存储单元的表达式，以便把赋值号的右边的值放在该存储单元中，因此赋值号的左边不可以是算术表达式，它不能代表内存中的任何一个存储单元。

答案：B

6．若a为整型变量，则以下语句________。

```
a=-2L;
printf("%d\n",a);
```

A．赋值不合法　　B．输出值为–2　　C．输出为不确定值　　D．输出值为2

分析：本题的关键是要清楚C语言中常量的表示方法和有关的赋值规则。在一个整型常量后面加一个字母l或L，则认为是long int型常量。一个整型常量，如果其值在–32 768~+32 767范围内，可以赋给一个int型或long int型变量；但如果整型常量的值超出了上述范围，而在–2 147 483 648~2 147 483 647范围内，则应将其赋值给一个long int型变量。本例中–2L虽然为long int型常量，但其值为–2，因此可以通过类型转换把长整型转换为短整型，然后赋给int型变量a，并按照“%d”格式输出该值。

答案：B

7．下述语句的输出为________。

```
int m= -1;
printf("%d,%u,%o",m, m, m);
```

A．–1，–1，–1　　B．–1，32767，–177777

C．–1，32768，177777　　D．–1，65535，177777

分析：要给出此题的正确答案，必须弄清–1在内存中的存储形式。在内存中–1是以补码的形式存储的：1111111111111111，即16个1的形式。如果将其视为有符号数，即按“%u”的格式输出，则最高位被看做是数据位，直接计算出其值是65 535；若按“%o”格式输出，即按八进制输出，则将16个1转换成八进制数，其值是177 777。

答案：D

8．已知字符A的ASCII码值是65，以下程序________。

```
#include <stdio.h>
main( )
{char a="A";
  int b=20;
  printf("%d, %o", (a=a+1, a+b, b), a+'a' - 'A', b );
}
```

A．表达式非法，输出零或不确定值

B．因输出项过多，无输出或输出不确定值

C．输出结果为20，142

D．输出结果为20，1541，20

分析：首先注意到printf( )函数有3个实参数：(a=a+1,a+b,b)。a+'a'- 'A'和b并没有问题，可见选项A错误。由于格式控制符串“%d，%o”中有两个描述符项，而后面又有表达式，因此，必定会产生输出，选项B也是错误的。既然控制字符串中只有两个格式描述符，输出必然只有两个数据，故选项D错误。

答案：C

9．对于条件表达式（M）?(a++):（a－－)，其中的表达式M等价于________。

A．M= =0　　B．M= =1　　C．M!=0　　D．M!=1

分析：因为条件表达式e1?e2: e3的含义是e1为真时，其值等于表达式e2的值，否则为表达式e3的值。“为真”就是“不等于假”，因此M等价于M!=0。

答案：C

10．若k为int型变量，则以下语句________。

```
k=6789
printf("|%-6d |",k);
```

A．输出格式描述不合法　　B．输出为|006789|

C．输出为|6789␣␣|　　D．输出为| –6789|

分析：输出格式符是“%–6d”，含义是输出占6个位置，左边对齐，右边不满6个补空格，其他的都原样输出。

答案：C

11．在x值处于–2～2，4～8时，值为“真”，否则为“假”的表达式是________。

A．(2>x>–2）||(4>x>8)　　B．!(((x<–2||(x>2))&&((x<=4)||(x>8)))

C．(x<2)&&(x>=-2)&&(x>4)&&(x<8)　　D．(x>-2)&&(x>4)||(x<8)&&(x<2)

分析：首先要了解数学上的区间在C语言中的表示方法，如x在[a,b]区间，其含义是x既大于等于a又小于等于b，相应的C语言表达式是“x>=a && x<=b”。本例中给出了两个区间，一个数只要属于其中一个区间就可以，这是“逻辑或”的

关系。在选项 A 中，区间的描述不正确。选项 B 把“!”去掉，剩下的表达式描述的是原问题中给定的两个区间之外的部分，加上“!”否定正好是题中的两个区间的部分，是正确的。选项 C 是恒假的，它的含义是 x 同时处于两个不同的区间内。选项 D 所表达的也不是题目中的区间。

答案：B

2.2.2 填空题

1．若 i 为 int 整型变量且赋值为 6，则运算 i++后表达式的值是________，变量 i 的值是________。

分析：i++是自加运算，由于加号在后面，所以是先取 i 的值，之后再 i=i+1，因此表达式 i++的值是 6，i 经过自加后本身的值已变为 7。

答案：6　7

2．设二进制数 a 是 00101101，若想通过异或运算 a^b 使 a 的高 4 位取反，低 4 位不变，则二进制数 b 应是________。

分析：本题考查的是位运算中的按位异或运算表达式的计算方法。根据二进制按位进行异或运算的原则：只有对应的两个二进制位不同时，结果的相应的二进制位才为 1，否则为 0。很容易得到 b 的值为 11110000。

答案：11110000

3．若有以下定义，则计算表达式 y+=y–=m*=y 后的 y 值是________。

```
int m=5，y=2;
```

分析：复合赋值运算符的优先级与赋值运算符相同。先计算 m*=y，相当于 m=m*y=5*2=10；再计算 y–=10，相当于 y=y-10=2-10=–8；最后计算 y+= –8，相当于 y=y+(–8)，注意，上一步计算结果是 y= –8，所以 y= –8+（–8）= –16。

答案：–16

4．设 C 语言中，一个 int 型数据在内存中占 2 个字节，则 int 型数据的取值范围为________。

分析：数据在内存中的存储形式是最高位为符号位，其余为数值位。因为计算机中数据的存储是用二进制表示的，所以数值位最大值为 15 个 1，即 111111111111111，对应十进制值是 32 767，又因为大部分计算机中的数据是用补码表示，而+0 和–0 对应一个补码 16 个 0，即 0000000000000000，为了一一对应，所以补码系统中增加一个数–32 768，故 int 型数据取值范围为–32 768 ~ +32 767。

答案：–32 768～+32 767

2.3 测试题

选择题

1．下列四个选项中，均是不合法的用户标识符是________。

A. A B. float C. b-a D. _123
P_0 1a0 goto temp
do _A int INT

2. 下面四个选项中，均是合法整型常量是________。

A. 160 B. –0Xcdf C. –018 D. –0X48eg
–0xffff 01a 999 2e5
011 12，456 5e2 0x

3. 已知各变量的类型说明如下：

```
int  k,a,b;
unsigned  long  w=5;
double  x=1.42;
```

则以下不符合C语言语法的表达式是________。

A. x%(–3) B. w+= –2
C. k=(a=2,b=3,a+b) D. a+=a– =(b=4)*(a=3)

4. 以下不正确的叙述是________。

A. 在C程序中，逗号运算符的优先级最低
B. 在C程序中，APH和aph是两个不同的变量
C. 若a和b类型相同，在计算了赋值表达式“a=b”后，b中的值将放入a中，而b中的值不变
D. 当从键盘输入数据时，对于整型变量只能输入整数，对于实型变量只能输入实数

5. 已知字母A的ASCII码为十进制数65，且c2为字符型，则执行语句“c2='A'+'6'–'3'”；后，c2中的值为________。

A. D B. 68 C. 不确定的值 D. C

6. 若有定义“int a=7；float x=2.5，y=4.7；”，则表达式“x+a%3*(int)(x+y)%2/4”的值为________。

A. 2.500000 B. 2.750000 C. 3.500000 D. 0.000000

7. 在C语言中，char型数据在内存中的存储形式是________。

A. 补码 B. 反码 C. 原码 D. ASCII码

8. 如下程序的运行结果是________。

```
#include <stdio.h>
main( )
{int y=3,x=3,z=1;
 printf("%d  %d \n",(++x,y++),z+2);
}
```

A. 3 4 B. 4 2 C. 4 3 D. 3 3

9. 判断char类型数据c1是否为大写字母的最简单且正确的表达式为________。

A. 'A'<=c1<='Z' B. (c1>='A') & (c1<='Z')

C. ('A'<=c1) AND ('Z'>=c1)　　　　D. (c1>='A') && (c1<='Z')

10. 以下程序的输出结果是________。

```
#include  <stdio.h>
{ int i=010, j=10;
 printf("%d, %d\n", ++i, j--);
}
```

A. 11，10　　B. 9，10　　C. 010，9　　D. 10，9

11. 下列程序的输出结果是________。

```
#INCLUDE  <STDIO.H>
MAIN( )
{INT  A=0, B=0, C=0;
 IF (++A>0 || ++B>0)
     ++C;
  PRINTF("\NA=%D,B=%D,C=%D",A,B,C);
}
```

A. a=0，b=0，c=0　　　　B. a=1，b=1，c=1

C. a=1，b=0，c=1　　　　D. a=0，b=1，c=1

第3章

顺序程序设计

3.1 知识要点

3.1.1 C 语句简介

C 语言的语句用来向计算机系统发出操作指令，一个源程序通常包含若干语句，这些语句用来完成一定的操作任务。

C 程序中的语句，按照它们在程序中出现的顺序依次执行，由这样的语句构成的程序结构称为顺序结构。

3.1.2 C 语句分类

1. C 语言中的控制语句

C 语言共有 9 种控制语句，如表 3.1 所示。

表 3.1 控制语句

语句	名称
if ()…else…	条件语句
switch	多分支选择语句
for ()…	循环语句
While ()…	循环语句
do…while ()	循环语句
continue	结束本次循环语句
break	终止执行 switch 或者循环语句
return	返回语句

说明：以上语句中“()”表示一个条件，“…”表示内嵌语句。

2. 其他类型语句

（1）函数调用语句，由函数调用加分号构成，如 scanf("%d"，&a)；printf("%d\n"，a)；。

（2）表达式语句，由表达式加分号构成，如 a=b；i++；。

3. 空语句

C 语言中所有语句都必须由一个分号（;）结束，如果只有一个分号，如 main(){; }，这个分号也是一条语句，称为空语句，程序执行时不产生任何动作。

4. 复合语句

在 C 语言中，用花括号“{}”将两条或两条以上语句括起来的语句，称为复合语句。

3.1.3　赋值语句

赋值符号“=”的作用是将一个数据赋给一个变量。如“a=3”的作用是执行一次赋值操作（或称赋值运算），把常量 3 赋给变量 a。也可以将一个表达式的值赋给一个变量。赋值语句是由赋值表达式和末尾的分号（;）构成的。

说明：“=”与“==”是两个不同的运算符，前者是赋值运算符，后者是关系运算符，用来进行条件判断，不能把二者混为一谈。

3.1.4　输入输出的实现

1. 单个字符的输入输出

（1）字符输出函数 putchar( )：向终端输出一个字符。

（2）字符输入函数 getchar( )：从终端输入一个字符。

说明：如果在一个函数中要调用 getchar()和 putchar()函数，在该函数之前要有包含命令“#include <stdio.h>”。

2. 数据的输入与输出

- printf( )函数：向终端（或系统隐含指定的输出设备）按指定格式输出若干个数据。
- scanf( )函数：从键盘输入数据。

3.2　例题分析与解答

3.2.1　选择题

1. 若有说明“double a;”，则正确的输入语句为（　　）。

A. scanf("%lf",a);　　　　B. scanf("%f",&a);

C. scanf("%lf", &a)　　　　D. scanf("%le", &a);

分析：选项 A 中使用的是变量 a，而不是变量 a 的地址，是错误的。选项 B 中应该用%lf 或%le 格式，因为是 double 型。选项 C 中句末没有加分号，不是语句。

答案：D

2. 阅读以下程序：

```
#include <stdio.h>
main( )
{char str[10];
  scanf("%s",str);
  printf("%s\n",str);
}
```

运行该程序，输入：HOW DO YOU DO，则程序的输出结果是（　　）。

A．HOW DO YOU DO　　B．HOW

C．HOWDOYOUDO　　D．how do you do

分析：当从键盘输入字符串 HOW DO YOU DO 时，由于 scanf( )函数输入时遇到空格结束，只将 HOW 三个字符送到字符数组 str 中，并在其后自动加上结束符'\0'。

答案：B

3．若有以下程序段：

```
#include  <stdio.h>
main( )
{int a=2,b=5;
 printf("a=%%d,b=%%d\n",a,b);
}
```

其输出结果是（　　）。

A．a=%2,b=%5　　B．a=2,b=5

C．a=%%d,b=%%d　　D．a=%d,b=%d

分析：C 语言规定，连续的两个百分号（%%）将按一个%字符处理，输入一个%，所以“%%d”被解释为输出两个字符：%和 d。根据以上分析，在格式中没有用于整型数输出的格式说明符“%d”，因此无法对整型变量 a 和 b 进行输出，格式中的所有内容将按原样输出。

答案：D

4．以下程序段：

```
float  a=3.1415;
printf("|%6.0f|\n",a);
```

其输出结果是（　　）。

A．|3.1415 |　　B．| 3.0|　　C．|　　3|　　D．|3. |

分析：在输出格式中，最前面的“|”号和“\n”前的“|”号按照原样输出。当在输出格式中指定输出的宽度时，输出的数据在指定宽度内右对齐。对于实型数，当指定小数位为 0 时，输出的实型数据将略去小数点和小数点后的小数。

答案：C

5．若有以下定义语句：

```
int u=010, v=0x10, w=10;
printf("%d,%d,%d\n",u,v,w);
```

则输出结果是（　　）。

A．8，16，10　　B．10，10，10

C．8，8，10　　D．8，10，10

分析：本题考查两个知识点：一是整型常量的不同表示法；二是格式输出函数 printf()

的字符格式。题中“int u=010，v=0x10，w=10;”语句中的变量u、v、w分别是八进制数、十六进制数和十进制数表示法，对应着十进制数的8、16和10。而printf()函数中的“%d”是格式字符，表示以十进制形式输出。

答案：A

3.2.2 填空题

1．变量i、j、k已定义为int型并有初值0，用以下语句进行输入：

```
scanf("%d", &i); scanf("%d", &j); scanf("%d", &k);
```

当执行以上语句，从键盘输入（<CR代表回车键>）：

```
12.3<CR>
```

则变量i、j、k的值分别是________、________、________。

分析：首先为i赋值。当读入12时遇到点号（.），因为i是整型变量，则视该点号为非法数据，这时读入自动结束，把12赋给变量i。未读入的点号留在缓冲区作为下一次输入数据。当执行第二个输入语句时，首先遇到点号，因为j是整型变量，因此也视该点为非法数据，输入自动结束，没有给变量j赋值。执行第三个输入语句的情况与第二个输入语句相同。

答案：12 0 0

2．复合语句在语法上被认为是________。空语句的形式是________。

分析：按C语法规定，在程序中，用一对花括号把若干语句括起来称为复合语句；复合语句在语法上被认为是一条语句。空语句由一个单独的分号组成，当程序遇到空语句时，不产生任何操作。

答案：一条语句 分号（;）

3．C语句句尾用________结束。

分析：按C语法规定，C语言语句用分号“;”作为语句结束标志。一个语句必须在最后出现分号“;”，分号是语句中不可缺少的一部分。

答案：分号“;”

4．以下程序段：

```
int k; float  a; double  x;
scanf("%d%f%lf",&k,&a,&x);
printf("k=%d,a=%f,x=%f\n",k,a,x);
```

要求通过scanf语句给变量赋值，然后输出变量的值。写出运行时给k输入100，给a输入25.82，给x输入1.89234时的3种可能的输入形式________、________、________。

分析：当调用scanf()函数从键盘输入数据时，输入的数据之间用间隔符隔开。合法的间隔符可以是空格、制表符和回车符。只要在输入数据之间使用如上所述的合格的分隔符即可。

答案：（1）100 25.82 1.89234

（2）100<回车符>

25.82<回车符>

1.89234<回车符>

（3）100<制表符>25.82<制表符>1.89234<回车符>

3.3 测试题

选择题

1．以下正确的叙述是________。

A．在C程序中，每行只能写一条语句

B．若a是实型变量，C程序中允许赋值a=10，因此实型变量中允许存放整型数

C．在C程序中，无论是整数还是实数，都能被准确无误地表示

D．在C程序中，%是只能用于整数运算的运算符

2．Printf()函数中用到格式符“%5s”，其中数字5表示输出的字符串占5列。如果字符串长度大于5，则输出按方式＿（1）＿；如果字符串长度小于5，则输出按方式＿（2）＿。

A．从左起输出该字串，右补空格　　　　B．按原字符长从左向右全部输出

C．右对齐输出该字串，左补空格　　　　D．输出错误信息

3．根据下面的程序及数据的输入和输出形式，程序中输入语句的正确形式应该为________。

```
main( )
{char ch1,ch2,ch3;
  输入语句
  printf("%c%c%c",ch1,ch2,ch3);
}
```

输入形式：A B C

输出形式：A B

A．scanf("%c%c%c"，&ch1，&ch2，&ch3);

B．scanf("%c，%c，%c"，&ch1，&ch2，&ch3);

C．scanf("%c %c %c"，&ch1，&ch2，&ch3);

D．scanf("%c%c"，&ch1，&ch2，&ch3);

4．以下能正确地定义整型变量a、b和c并为其赋初值5的语句是________。

A．int a=b=c=5;　　　　B．int a，b，c=5;

C．int a=5，b=5，c=5;　　　　D．a=b=c=5;

5．已知ch是字符型变量，下面不正确的赋值语句是________。

A．ch='a+b';　　B．ch='\0'　　C．ch='7'+'9';　　D．ch=5+9;

6．已知ch是字符型变量，下面正确的赋值语句是________。

A．ch='123';　　B．ch='\xff';　　C．ch='\08';　　D．ch="\";

7．若有以下定义，则正确的赋值语句是________。

```
int a，b； float  x；
```

A．a=1，b=2，　　B．b++；　　C．a=b=5　　D．b=int(x)；

8．设x、y均为float 型变量，则以下不合法的赋值语句是________。

A．++x；　　B．y=(x%2)/10；　　C．x*=y+8；　　D．x=y=0；

9．设x、y和z均为int型变量，则执行语句“x=(y=(z=10)+5)-5”；后，x、y和z的值是________。

A．x=10
y=15
z=10　　B．x=10
y=10
z=10　　C．x=10
y=10
z=15　　D．x=10
y=5
z=10

10．已知“char a；int b；float c；double d；”，则表达式a*b+c- d结果为（ ）型。

A．double　　B．int　　C．float　　D．char

第 4 章

选择结构程序设计

4.1 知识要点

4.1.1 关系运算符和关系表达式

1. 关系运算符

C 语言提供了 6 种关系运算符，如表 4.1 所示。

表 4.1 关系运算符

关系运算符	名称
<	小于
<=	小于等于
>	大于
>=	大于等于
= =	等于
!=	不等于

2. 关系表达式

由关系运算符连接而成的表达式称为关系表达式。

当关系运算符两边的值类型不一致时，则系统将自动把它们转换为相同类型，然后再进行比较。转换原则按照从低级类型向高级类型进行转换。例如，一边是整型，一边是实型，系统将把整型数转换为实型数，再比较，如图 4.1 所示。

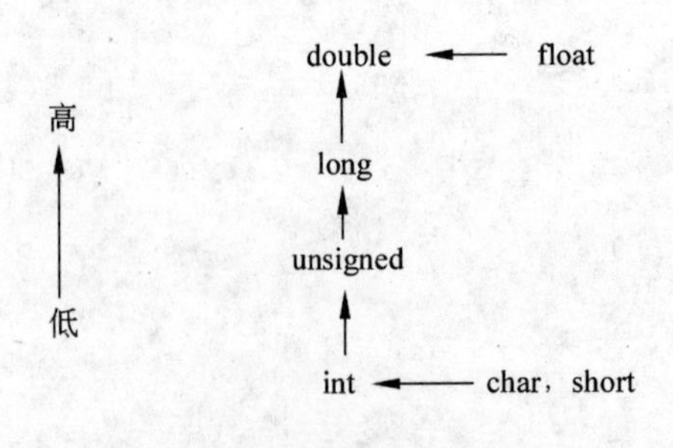

图 4.1 数据类型转换

4.1.2 逻辑运算符和逻辑表达式

1. 逻辑运算符

C 语言提供了 3 种逻辑运算符，如表 4.2 所示。

表 4.2 逻辑运算符

逻辑运算符	名称
&&	逻辑与
||	逻辑或
!	逻辑非

说明：“&&”和“||”是双目运算符，而“!”是单目运算符，后者只要求有一个操作数。

算术运算符、关系运算符和逻辑运算符的优先级是：

!（逻辑非）>算术运算符>关系运算符>&&>||>赋值运算符

2. 逻辑表达式

逻辑表达式由逻辑运算符和运算对象组成，其中，运算对象可以是一个具体的值，也可以是 C 语言任意合法的表达式，逻辑表达式的运算结果是 1（真）或者 0（假）。但是在判断一个量是否为“真”时，以 0 代表“假”，以非 0 代表“真”，即将一个非零的数值认为“真”。例如，a=5，则“！a”的值为 0。

4.1.3 if 语句的作用及其三种格式

if 语句是用来判断所给定的条件是否满足，根据判断结果（真或假）决定执行给出的两种操作之一，具有以下 3 种形式：

（1）if (表达式) 语句

（2）if (表达式) 语句 1 else 语句 2

（3）if (表达式 1) 语句 1
　　else if (表达式 2) 语句 2
　　else if (表达式 3) 语句 3
　　　⋮
　　else if (表达式 m) 语句 m
　　else 语句 n

说明：else 不能独立成为一条语句，它是 if 语句的一部分，不允许单独出现在程序中。else 必须与 if 配对，共同组成 if…else 语句。

4.1.4 if 语句的嵌套

在 if 语句中又包含一个或多个 if 语句的结构，称为 if 语句的嵌套，形式如下：

```
if ( )
    if ( ) 语句 1
    else 语句 2
else
    if ( ) 语句 3
    else 语句 4
```

注意：else 总是与它上面的最近的 if 配对。

4.1.5 条件运算符（？：）构成的选择结构

条件运算符构成的选择结构形式如下：

```
(x<y)?x: y
```

其中，(x<y)?x：y 是一个条件表达式，“？：”是条件运算符。该表达式是这样执行的：如果（x<y）条件成立，则整个条件表达式取值 x，否则取值 y。

条件运算符的优先级高于赋值运算符，但低于逻辑运算符、关系运算符和算术运算符。

4.1.6 switch 语句和 goto 语句

1. switch 语句

switch 语句是 C 语言提供的多分支选择语句，用来实现多分支选择结构。形式如下：

```
switch (表达式)
{ case 常量表达式 1: 语句 1
 case 常量表达式 2: 语句 2
           ⋮
  case 常量表达式 n: 语句 n
  default: 语句 n+1
}
```

说明：

（1）switch 是关键字，switch 后面用花括号括起来的部分是 switch 语句体。

（2）switch 后面括号内的“表达式”，可以是 C 语言任意合法的表达式。

（3）case 也是关键字，与其后面的常量表达式合称为 case 语句标号，常量表达式的类型必须与 switch 后面的表达式类型一致，且各个 case 语句标号的值不能重复。

（4）default 是关键字，起标号作用，代表除了以上 case 标号之外的所有标号，default 标号可以没有。

（5）case 标号后面的语句，可以是一条或多条语句。

（6）case 和常量表达式之间一定要有空格。

2. goto 语句

goto 是无条件转移语句，形式如下：

```
goto 语句标号;
```

作用：把程序的执行转向语句标号所在的位置。

说明：goto 语句一般和条件语句合用，构成有条件的转移语句，不单独使用该语句。

4.2 例题分析与解答

4.2.1 选择题

1. 下列错误的语句是________。

A．if(a>b)printf("%d",a);　　　　B．if (&&)；a=m；

C．if (1) a=m；else　a=n；　　　D．if (a>0)；{else a=n；}

分析：选项 A 是当 a>b 成立时执行语句“printf("%d"，a);”，是正确的。选项 B 中的“if (&&);”后面的分号表示它是一条空语句，而不是 if 语句的结束标志，但&&是运算符，不是表达式，所以 B 是错误的。选项 D 也用了一条空语句，之后用花括号括起来的复合语句，是正确的。选项 C 中的 1 表示条件恒为真，C 也是正确的。

答案：B

2．读下列程序：

```
#include  <stdio.h>
main( )
{float a,b,t;
 scanf("%f,%f",&a,&b);
 if ( a>b) {t=a; a=b; b=t; }
 printf ("%5.2f,%5.2f",a,b );
}
```

运行时从键盘输入 3.8 和–3.4，则正确的输出结果是________。

A．–3.40，–3.80　　B．–3.40，3.80　　C．–3.4，3.8　　D．3.80，–3.40

分析：此程序是输入两个实数，按代数值由小到大次序输出这两个数。

答案：B

3．读下列程序：

```
#include  <stdio.h>
main( )
{   int x,y;
    scanf("%d",&x);
    y=0;
    if (x>=0)
       {if (x>0) y=1;}
    else  y= -1;
    printf ("%d",y);
}
```

当从键盘输入 32 时，程序输出结果为________。

A．0　　B．–1　　C．1　　D．不确定

分析：此程序可以转化为数学公式：

$$y=\begin{cases}-1 & (x<0)\\ 0 & (x=0)\\ 1 & (x>0)\end{cases}$$

首先输入 x 值，然后使 y=0，再进行判断，if (x>=0){if (x>0)y=1;}的实质是：如果 x>0，使 y=1，else 否定的是 if (x>=0)，而不是{if (x>0)y=1；}中的 if (x>0)，即 x<0，则使 y=–1。

答案： C

4．对下述程序，__________是正确判断。

```
#include <stdio.h>
main( )
{int x,y;
   scanf("%d,%d",&x,&y);
   if (x>y)
      x=y: y=x;
   else
       x++; y++;
   printf("%d,%d",x,y);
}
```

A．有语法错误，不能通过编译　　　B．若输入数据3和4，则输出4和5

C．若输入数据4和3，则输出3和4　　D．若输入数据4和3，则输出4和4

分析： if语句称为条件语句或分支语句，其基本形式只有两种：

```
if（表达式）语句
if（表达式）语句1 else 语句2
```

不管if语句中的条件为真还是为假，只能执行一个语句，而程序中的“x=y; y=x;”是两条语句，故选项A是正确的。改正的办法是用花括号把“x=y; y=x;”括起来，即{ x=y; y=x; }，构成一个复合语句。题中的其他选项是在假定“x=y; y=x;”为复合语句的基础上产生的。

答案： A

5．以下程序的输出结果是__________。

```
#include <stdio.h>
main ( )
{int x=1, y=0, a=0, b=0;
 switch (x)
   {case 1:
        switch (y)
            {case 0:a++;break;
             case 1:b++;break;
            }
            case 2:a++;b++;break;
            case 3:a++;b++;
   }
   printf("\na=%d,b=%d",a,b);
   }
```

A．a=1，b=0　　B．a=2，b=1　　C．a=1，b=1　　D．a=2，b=2

分析： 程序执行时，x=1，执行内嵌的switch语句，因y=0，执行a++;，使a的值为1并终止内层switch结构，回到外层。因为case 1后没有break语句，程序继续执行“case 2:”后面的语句“a++; b++;”，使变量 a、b 的值分别为 2 和 1，外层 switch 语句结束。

答案：B

6. 不等式 x≥y≥z 对应的 C 语言表达式是（　　）。

A．(x>=y)&& (y>=z)　　　　B．(x>=y) and (y>=z)

C．(x>=y>=z)　　　　D．(x>=y) & (y>=z)

分析：选项 D 中，表达式(x>=y) & (y>=z) 中的运算符“&”是一个位运算符，不是逻辑运算符，因此不可能构成一个逻辑表达式。选项 B 中，表达式(x>=y)and (y>=z) 中的运算符“and”不是 C 语言中的运算符，因此这不是一个合法的 C 语言表达式。选项 C 中，(x>=y>=z) 在 C 语言中是合法的表达式，但在逻辑上，它不能代表 x≥y≥z 的关系。

答案：A

7. 以下程序的输出结果是________。

```
#include <stdio.h>
main ( )
{int a=2,b= -1,c=2;
  if (a<b)
    if(b<0) c=0;
    else  c+=1;
  printf ("%d\n",c);
}
```

A. 0　　　　B. 1　　　　C. 2　　　　D. 3

分析：本题涉及如何正确理解 if…else 语句的语法。按 C 语言语法规定，else 子句总是与前面最近的不带 else 的 if 语句相结合，与书写格式无关。本题中的 if 语句是一个 if…else 语句，else 应当与内嵌的 if 配对，第一个 if 语句其实并不含有 else 子句。如果按正确的缩进格式重新写出以上程序段就更易理解。首先执行 if(a<b)，由于 a<b 不成立，因而不执行其内部的子句，接着执行下面的 printf 语句，所以变量 c 没有被重新赋值，其值仍为 2。

答案：C

8. 以下程序的输出结果是________。

```
#include <stdio.h>
main ()
{int w=4 ,x=3, y=2, z=1;
 printf("%d\n",(w<x?w: z<y?z: x));
}
```

A. 1　　　　B. 2　　　　C. 3　　　　D. 4

分析：本题的 printf 语句输出项是一个复合条件表达式。为了清晰起见，可用圆括号将此表达式中的各个运算项括起来：(w<x? (w)): (z<y?z: x))，第一个条件表达式是：“w<x?(w): (第二个条件表达式)”。按现有数据，w<x 不成立，因此执行

第二个条件表达式：z<y?(z): (x)，其值作为整个表达式的值；由于条件 z<y 成立，其值为 1，因而求出 z 的值作为整个表达式的值。

答案：A

4.2.2 填空题

1．在C语言中，关系运算符的优先级是________。

分析：关系运算符<、>、<=、>=的优先级别相同；= =、!=的优先级别相同；前四种优先级高于后两种。

答案：<，>，<=，>=，　= =，　!=

2．在C语言中，逻辑运算符的优先级是________，________，________。

分析：C 语言中的逻辑运算符按由高到低的优先级是:!（逻辑非）、&&（逻辑与）、||（逻辑或）。

答案：!　&&　||

3．请写出以下程序的输出结果________。

```
#include <stdio.h>
main ()
{int a=100;
  if(a>100)
     printf("%d\n",a>100);
  else
     printf("%d\n",a<=100);
}
```

分析：由于 a 已在定义时赋了初值 100，所以接下来 if 语句中的关系表达式 a>100 的值是 0，不执行其后的输出语句，而执行 else 子句中的 printf 语句，它的输出项是 a<=100。由于 a=100，此表达式值为 1。注意：无论是逻辑表达式还是关系表达式，结果为“真”时，它们的值就是确切地等于 1，而不是“非零”。

答案：1

4．请写出与以下表达式等价的表达式________、________。

（1）!(x>0)　　　　（2）!0

分析：表达式“!(x>0)”的含义是：如果 x>0，此表达式的值就为“假”，即为 0；x 的值小于等于 0，此表达式的值为“真”，即为 1。在C语言中，用 1 代替!0。

答案：x<0　　1

4.3 测试题

4.3.1 选择题

1．逻辑运算符两侧运算对象的数据类型________。

A．只能是 0 或 1　　　　B．只能是 0 或非 0 正数

C．只能是整型或字符型数据　　　　　D．可以是任何类型的数据

2．判断 char 型变量 ch 是否为大写字母的正确表达式是________。

A．'A'<=ch<='Z'　　　　　B．(ch>='A') & (ch<='Z')

C．(ch>='A') && (ch<='Z')　　　　　D．('A'<=ch) AND ('Z'>=ch)

3．当 A 的值为奇数时，表达式的值为“真”，当 A 的值为偶数时，表达式的值为“假”。则以下不能满足要求的表达式是________。

A．A%2= =1　　B．!(A%2= =0)　　C．!(A%2)　　D．A%2

4．当 a=1，b=3，c=5，d=4 时，执行完下面一段程序后 x 的值是________。

```
if (a<b)
 if(c<d)x=1;
 else
     if(a<c)
         if(b<d)x=2;
         else  x=3;
     else  x=6;
else  x=7;
```

A．1　　B．2　　C．3　　D．6

5．若有条件表达式（exp）?a++：b– –，则以下表达式中能完全等价于表达式（exp）的是________。

A．（exp = =0）　　B．（exp!=0）　　C．（exp= =1）　　D．（exp!=1）

6．执行以下程序段后，变量 a，b，c 的值分别为________。

```
int x=10,y=9;
int  a,b,c;
a=(--x= =y++)? --x:++y;
b=x++;
c=y;
```

A．a=9，b=9，c=9　　　　　B．a=8，b=8，c=10

C．a=9，b=10，c=9　　　　　D．a=10，b=11，c=10

4.3.2　填空题

1．当 a=3，b=2，c=1 时，表达式 f=a>b>c 的值是________。

2．在 C 语言中，表示逻辑“真”值用________。

3．C 语言提供的三种逻辑运算符是________、________、________。

4．已知 A=7.5，B=2，C=3.6，表达式 A>B && C>A ||A<B && !C>B 的值是________。

4.3.3　编程题

1．输入三角形的三边 a，b，c，判断是否能构成三角形，若可以构成三角形则求三角形面积并判断三角形类型。

2．输入年份，判断其是否为闰年。

判断闰年条件：（1）年份能被 400 整除为闰年；

（2）年份能被 4 整除但不能被 100 整除为闰年。

3．有三个数 a、b、c，要求按从大到小的顺序输出。

4．编程序：根据以下函数关系，对输入的每个 x 值，计算出相应的 y 值。

y 值	x 值
0	x<0
x	0<x<=10
10	10<x<=20
–0.5x+20	20<x<40

5．编程序，对于给定的一个百分制成绩，输出相应的五分制成绩。设：90 分以上为“A”，80~89 分为“B”，70~79 分为“C”，60~69 分为“D”，60 分以下为“E”（用 switch 语句实现）。

第5章 循环程序设计

5.1 知识要点

5.1.1 循环结构的3种形式

1. for 循环结构

一般形式：

```
for(表达式1; 表达式2; 表达式3)
for语句
```

执行过程；

（1）先求表达式1的值。

（2）求表达式2的值，若其值为真（非0），则执行for语句中指定的内嵌语句，然后执行步骤（3）。若为假（为0），则结束循环，转到步骤（5）。

（3）求解表达式3。

（4）转回步骤（2）继续执行。

（5）循环结束，执行for语句下面的一个语句。

2. while 循环结构

一般形式：

```
while (表达式)语句
```

当表达式为非0时，执行while语句中的内嵌语句。

3. do…while 循环结构

一般形式：

```
do
    循环体语句
while(表达式);
```

执行过程：先执行一次指定的循环体语句，执行完后，判别while后面的表达式的值，当表达式的值为非零（真）时，重新执行循环体语句。如此反复，直到表达式的值等于零为止，此时循环结束。

4. 几种循环的比较

前面讲的几种循环都可以处理同一问题，一般情况下它们可以互相代替。但最好根据每种循环的不同特点选择最合适的。

do…while 构成的循环和 while 循环十分相似，它们的主要区别是：while 循环的控制出现在循环体前，只有当 while 后面的表达式的值为非零时，才执行循环体；在 do…while 构成的循环体中，总是先执行一次循环体，然后再求表达式的值，因此无论表达式的值是否为零，循环体至少要被执行一次。

5.1.2 continue 语句和 break 语句

1. continue 语句

结束本次循环，即跳过循环体中下面尚未执行的语句，而转去重新判定循环条件是否成立，从而确定下一次循环是否继续执行。

2. break 语句

在选择结构中，break 语句可以使流程跳出 switch 结构，继续执行 switch 语句下面的语句。在循环结构中，break 语句可以使流程跳出循环体，提前结束循环。

说明：break 语句使循环终止；continue 语句则结束本次循环，而不是终止整个循环。

5.2 例题分析与解答

5.2.1 选择题

1．设 i 和 x 都是 int 类型，则下面的 for 循环语句（　　）。

```
for(i=0,x=0;i<=9 && x!=876;i++)scanf("%d",x);
```

A．最多执行 10 次　　　　B．最多执行 9 次

C．是无限循环　　　　　　D．一次也不执行

分析： 此题中 for 循环的执行次数取决于逻辑表达式“i<=9 && x!=876”，只要 i<=9 且 x!=876 循环就执行。结束循环取决于两个条件：i>9 或者 x=876。只要在执行 scanf("%d", &x)时，从终端输入 876，循环就结束。如果未输入 876，则 i 的值一直增加，每次加 1，循环 10 次 i=10，即 i>9 时，循环结束。

答案： A

2．下述 for 循环语句（　　）。

```
int i,k;
for(i=0,k=-1;k=1;i++,k++)
    printf("*  *  *");
```

A．判断循环结束的条件非法　　　　B．是无限循环

C．只循环一次　　　　　　　　　　D．一次也不循环

分析： 本题的关键是赋值表达式 k=1。由于表达式 2 是赋值表达式 k=1，为真，因此

执行循环体，使k增1，但循环再次计算表达式2时，又使k为1，如此反复。

答案：B

3．在下述程序中，判断i>j共执行了（　　）次。

```
#include <stdio.h>
main( )
{int i=0,j=10,k=2,s=0;
for(;;)
  {i+=k;
    if(i>j)
      {printf("%d",s);
        break;}
    s+=i;
    }
}
```

A．4　　　B．7　　　C．5　　　D．6

分析：本例的循环由于无外出口，只能借助break语句终止。鉴于题目要求说明判断i>j的执行次数，只需考查i+=k运算如何累计i的值（每次累计i的值，都会累计判断i>j一次），i值分别是i=2、4、6、8、10、12，当i的值为12时判断i>j为真，程序输出s的值并结束，共循环6次。

答案：D

4．以下程序段的输出结果是（　　）。

```
int x=3;
do
{printf("%d",x=x-2);
}while(!(--x));
```

A．1　　　B．3 0　　　C．1-2　　　D．死循环

分析：在以上程序段中，进入循环体前x的值是3，执行x=x–2后，x的值变成1，然后输出该值。在while控制表达式“!(– –x)”中，x的值先减1，变为0，再进行“逻辑非”运算，!0的值为1，循环继续。因x=0，第二次执行x=x–2后，x的值变为–2，再次输出。在while控制表达式“!(– –x)”中，x的值先减1变成–3，再进行“!(–3)”运算，其值为0，退出循环。

答案：C

5.2.2　填空题

1．以下程序段的输出结果是（　　）。

```
#include <stdio.h>
main( )
{int x=2;
 while(x--);
```

```
 printf("%d\n",x);
}
```

分析：由程序可知，x 的初值为 2，它的值在 while 循环控制表达式中发生改变。在执行 while 循环时，每循环一次，循环控制表达式先判断 x 的值，然后 x 值减 1。注意：只要循环控制表达式的值为非 0，循环就继续；当 x 的值为 0 时，循环结束，同时因再一次执行 x--，x 的值再减 1。因此退出循环去执行 printf 语句时，x 的值已是-1。

答案：-1

2．以下程序的功能是：从键盘上输入若干学生的成绩，统计并输出最高成绩和最低成绩，当输入负数时结束输入，请填空。

```
#include <stdio.h>
main()
{float x,amax,amin;
scanf("%f",&x);
amax=x;amin=x;
while(【1】)
    {if(x>amax)amax=x;
     if(【2】)amin=x;
    scanf("%f",&x);
    }
    printf("\namax=%f\n amin=%f\n",amax,amin);
}
```

分析：由以上程序可知，最高成绩放在变量 amax 中，最低成绩放在 amin 中。while 循环用于不断读入数据放入 x 中，并通过判断，把大于 amax 的数放于 amax 中，把小于 amin 的数放入 amin 中。因此在【2】处应填入 x<amin。while 后的表达式用以控制输入成绩是否为负数，若是负数，读入结束并且退出循环，因此在【1】处应填入 x>=0，即当读入的值大于等于 0 时，循环继续，小于 0 时循环结束。

答案：（1）x>=0　（2）x<amin

3．以下程序段的输出结果是（　　）。

```
int k,n,m;
n=10;m=1;k=1;
while(k<=n)
  m*=2;
printf("%d\n",m);
```

分析：由程序段可知，m 的值在 while 循环中求得。while 循环的控制表达式（k<=n）中，k 和 n 的初值分别是 1 和 10，但在整个 while 循环中，控制表达式中的变量 k 或 n 中的值都没有在循环过程中有任何变化，因此，表达式 k<=n 的值永远为 1，循环将无限地进行下去。

答案：程序段无限循环，没有输出结果。

4. 下述程序的运行结果是（　　）。

```
#include <stdio.h>
main( )
{int s=0,k;
 for(k=7;k>4;k--)
 {switch(k)
   { case 1:
     case 4:
     case 7:s++;break;
     case 2:
     case 3:
     case 6:break;
     case 0:
     case 5:s+=2;break;
   }
}
printf("s=%d",s);
}
```

分析：本题主要考查switch的用法。先看循环，一共有3次，k=7时，执行s++; switch结束，使s=1; 当k=6时，break终止switch; 当k=5时，s+=2; switch结束，s=3。

答案：s=3

5.3 测试题

5.3.1 选择题

1. 语句“while (!E);”中的条件“!E”等价于（　　）。

   A. E= =0　　B. E!=1　　C. E!=0　　D. ~E

2. 下面有关for循环的正确描述是（　　）。

   A. for循环只能用于循环次数已经确定的情况

   B. for循环时先执行循环体语句，后判别表达式

   C. 在for循环中，不能用break语句跳出循环体

   D. for循环的循环体中，可以包含多条语句，但必须用花括号括起来

3. 设有程序段

```
int k=10;
while (k=0) k=k-1;
```

则下面描述中正确的是（　　）。

   A. while循环执行10次　　B. 循环时无限循环

C．循环体语句一次也不执行　　　　D．循环体语句执行一次

4．下面程序段的运行结果是（　　）。

```
a=1;b=2;c=2;
while(a<b<c){t=a;a=b;b=t;c--;}
printf("%d,%d,%d",a,b,c);
```

A．1，2，0　　B．2，1，0　　C．1，2，1　　D．2，1，1

5．下面程序的功能是从键盘输入的一组字符中统计出大写字母的个数 m 和小写字母的个数 n，并输出 m 和 n 中的较大者，请选择填空。

```
#include <stdio.h>
  main()
   {int m=0,n=0;
   char c;
   while ((【1】)!= '\n')
        {if(c>='A' && c<='Z') m++;
         if(c>='a' && c<='z') n++;}
   printf("%d\n",m<n?【2】);
}
```

【1】A．c=getchar( )　B．getchar( )　C．c=getchar( )　D．scanf("%c"，c)
【2】A．n:m　B．m：n　C．m：m　D．n：n

6．下面程序的功能是在输入的一批正整数中求出最大值，输入 0 结束循环，请选择填空。

```
#include <stdio.h>
 main( )
 {int a,max=0;
  scanf("%d",&a);
  while(___)
  {if(max<a) max=a;
   scanf("%d",&a);}
  printf("%d",max);
}
```

A．a= =0　　B．a　　C．!a= =1　　D．!a

7．C 语言中 while 和 do…while 循环的主要区别是（　　）。

A．do…while 的循环体至少无条件执行一次，while 的循环体可能一次也不执行
B．while 的循环控制条件比 do…while 的循环控制条件严格
C．do…while 允许从外部转到循环体内
D．do…while 的循环体不能是复合语句

8．下面程序的功能是计算正整数 2345 的各位数字平方和，请选择填空。

```
#include <stdio.h>
main()
```

```
{int n,sum=0;
 n=2345;
 do {sum=sum+【1】;
       n=【2】;
    }while(n);
 printf("sum=%d",sum);
}
```

【1】A. n%10　　B. (n%10)*(n%10)　　C. n/10　　D. (n/10)*(n/10)

【2】A. n/1000　　B. n/100　　C. n/10　　D. n%10

9. 若运行以下程序时，从键盘输入 ADescriptor<CR>(<CR>表示回车)，则下面程序的运行结果是（　　）。

```
#include <stdio.h>
main()
{char c;
int v0=0,v1=0,v2=0;
do{switch(c=getchar())
    {case 'a':case 'A':
     case 'e':case 'E':
     case 'i':case 'I':
     case 'o':case 'O':
     case 'u':case 'U':v1+=1;
    defaule:v0=v0+1;v2+=1;
    }
  }while(c!='\n');
printf("v0=%d,v1=%d,v2=%d\n",v0,v1,v2);
}
```

A. v0=7，v1=4，v2=7　　B. v0=8 ，v1=4， v2=8

C. v0=11，v1=4，v2=11　　D. v0=12，v1=4，v2=12

10. 对 for(表达式 1;；表达式 3)可理解为（　　）。

A. for(表达式 1；0；表达式 3)　　B. for(表达式 1；1；表达式 3)

C. for(表达式 1；表达式 1；表达式 3)　　D. for(表达式 1；表达式 3；表达式 3)

11. 下面程序段的功能是将从键盘输入的偶数写成两个素数之和。请选择填空。

```
#include <stdio.h>
#include <math.h>
main( )
{int a,b,c,d;
scanf("%d",&a);
for(b=3;b<=a/2;b+=2)
    {for(c=2;c<=sqrt(b);c++) if(b%c= =0)break;
     if(c>sqrt(b)) d=【1】;else break;
     for(c=2;c<=sqrt(d);c++) if(d%c= =0) break;
     if(c>sqrt(d)) printf("%d=%d+%d\n",a,b,d);
```

```
    }
}
```

【1】A. a+b　　B. a–b　　C. a*b　　D. a/b

5.3.2　填空题

1. 下面程序是从键盘输入的字符中统计数字字符的个数，用换行符结束循环。请填空。

```
int n=0,c;
c=getchar( );
while(  【1】  )
   {if (  【2】  ) n++;
    c=getchar( );
}
```

2. 下面程序的功能是用公式 $\frac{\pi^2}{6} \approx \frac{1}{1^2}+\frac{1}{2^2}+\frac{1}{3^2}+\ldots+\frac{1}{n^2}$，求 π 的近似值，直到最后一项的值小于 10^{-6} 为止。请填空。

```
#include <stdio.h>
#include <math.h>
main( )
{long i=1;
 【1】 pi=0;
 while (i*i<=10e+6) {pi= 【2】 ;i++;}
 pi=sqrt(6.0*pi);
 printf("pi=%10.6f\n",pi);
}
```

3. 有 1020 个西瓜，第一天卖一半多两个，以后每天卖剩下的一半多两个，问几天以后能卖完？请填空。

```
#include <stdio.h>
 main( )
 {int day,x1,x2;
 day=0;x1=1020;
 while ( 【1】 ) {x2= 【2】 ;x1=x2;day++;}
 printf("day=%d\n",day);
}
```

4. 下面程序的功能是用“辗转相除法”求两个正整数的最大公约数。请填空。

```
#include <stdio.h>
main( )
    {int r,m,n;
     scanf("%d%d",&m,&n);
```

```
    if(m<n) 【1】;
    r=m%n;
    while(r){m=n;n=r; r=【2】;}
    printf("%d\n",n);
   }
```

5．鸡兔共有30只，脚共有90个，下面程序段是计算鸡兔共有多少只，请填空。

```
for(x=1;x<=29;x++)
   {y=30-x;
    if(【1】) printf("%d,%d\n",x,y);
}
```

6．下面程序的功能是计算1-3+5-7+…-99+101的值，请填空。

```
#include <stdio.h>
main( )
  {int i,t=1,s=0;
   for(i=1;i<=101;i+=2)
     {【1】;s=s+t;【2】;}
  printf("%d\n",s);
  }
```

7．以下程序是用梯形法求sin(x)*cos(x)的定积分。求定积分的公式为：

$$s=\frac{h}{2}\left[f(a)+f(b)\right]+h\sum_{i=1}^{n-1}f(x_i)$$

其中，$x_i=a+ih$，$h=(b-a)/n$。

设a=0，b=1.2为积分上限，积分区间分割数n=100，请填空。

```
#include <stdio.h>
#include <math.h>
main()
  {int i,n;double  h ,s, a, b;
   printf("input a,b: ");
   scanf("%lf%lf",【1】);
   n=100;h=【2】;
   s=0.5*(sin(a)*cos(a)+sin(b)*cos(b));
   for(i=1;i<=n-1;i++)s+=【3】;
  s*=h;
  printf("s=%10.4lf\n",s);
}
```

8．以下程序的功能是根据公式 $e=1+\frac{1}{1!}+\frac{1}{2!}+\frac{1}{3!}+\frac{1}{4!}+\cdots$ 求e的近似值，精度要求为10^{-6}。请填空。

```
#include <stdio.h>
main( )
```

```
{int i;double e,new;
【1】;new=1.0;
 for(i=1;【2】;i++)
   {new=new/(double)i;e=e+new;
     }
}
```

9. 下面程序的功能是求1000以内的所有完全数。请填空（一个数如果恰好等于它的因子（除自身外）之和，则该数为完全数，如6=1+2+3，6为完全数）。

```
#include <stdio.h>
main()
{int a ,i, m;
 for(a=1;a<=1000;a++)
   {for(【1】;i<=a/2;i++ ) if(!(a%i)) 【2】;
    if(m= =a) printf("%4d",a);
    }
}
```

10. 下面程序的功能是完成用1000元人民币换成10元、20元、50元的所有兑换方案。请填空。

```
#include <stdio.h>
main( )
{int i,j,k,L=1;
for(i=0;i<=20;i++)
     for(j=0;j<=50;j++)
       {k=【1】;
         if(【2】)
            {printf(" %2d  %2d  %2d  ",i,j,k);
              L=L+1;
              if(L%5= =0)printf("\n");
            }
     }
}
```

5.3.3 编程题

1. 输入一行字符，分别统计出其中英文字母、空格、数字和其他字符的个数。

2. 输入两个正整数m和n，求其最大公约数和最小公倍数。

3. 求$\sum_{n=1}^{20} n!$（即求1!+2!+3!+…+20!）。

4. 打印出所有的“水仙花数”，所谓“水仙花数”是指一个3位数，其各位数字立方和等于该数本身。例如，153是一个水仙花数，因为$153=1^3+5^3+3^3$。

5．一个数如果恰好等于它的因子（不含本身）之和，这个数就称为“完全数”。例如，6 的因子是 1、2、3，而 6=1+2+3，因此 6 是“完全数”。编程序，找出 1000 之内的所有完全数。

6．有一分数序列

$$\frac{2}{1},\frac{3}{2},\frac{5}{3},\frac{8}{5},\frac{13}{8},\frac{21}{13},\cdots$$

求出这个数列的前 20 项之和。

7．用牛顿迭代法求下面方程在 1.5 附近的根。

$$2x^3-4x^2+3x-6=0$$

第6章

数　组

6.1　知识要点

6.1.1　数组的概念

数组是有序数据的集合。数组中的每一个数据称为“元素”。数组中的每一个元素都属于同一个数据类型。用一个统一的数组名和下标来唯一地确定数组中的元素。

6.1.2　一维数组的定义和引用

1. 一维数组的定义

一维数组的定义形式如下：

```
类型说明符　数组名[常量表达式];
```

例如，“int a[5];”定义一个包含 5 个元素的一维数组，最小下标是 0，最大下标是 4，包括 a[0]、a[1]、a[2]、a[3]和 a[4] 五个元素。

2. 一维数组元素的引用

一维数组元素的表示形式如下：

```
数组名[下标];
```

例如，a[1]表示 a 数组中的第 2 个元素。

使用数组时应注意以下事项：

- 引用数组元素时，数组的下标可以是整型常量，也可以是整型表达式。
- 数组必须先定义后使用。
- 数组元素只能逐个引用，而不能把数组作为一个整体一次引用。

3. 一维数组的初始化

可以在定义数组时为所包含的数组元素赋初值，如：

```
int a[6]={0,1,2,3,4,5};
```

则 a[0]=0，a[1]=1，a[2]=2，a[3]=3，a[4]=4，a[5]=5。

C 语言规定可以通过赋初值来定义数组的大小，这时“[ ]”内可以不指定数组大小。

6.1.3 二维数组的定义和引用

1. 二维数组的定义

二维数组的定义形式如下：

类型说明符 数组名[常量表达式][常量表达式]

2. 二维数组的引用

二维数组元素的表示形式如下：

数组名[下标][下标]

例如，“float b[3][4];”定义一个3行4列的二维数组，第一个数组元素是a[0][0]，最后一个数组元素是a[2][3]，共包含3×4=12个元素。

注意，数组的下标可以是整型表达式；数组元素可以出现在表达式中。

3. 二维数组的初始化

和一维数组一样，可以在定义的时候赋初值，如：

```
float b[3][3]={{1,2,3},{4,5,6}};
```

则第一行的值是1，2，3；第二行的值是4，5，6。

C语言规定可以通过赋初值来定义数组的大小，对于二维数组，只可以省略第一个方括号中的常量表达式，而不能省略第二个方括号中的常量表达式。如：

```
int a[ ][3]={{1,2,3},{4,5},{6},{8}};
```

在所赋初值中，含有4个花括号，则第一维的大小由花括号的个数决定。因此，该数组其实是与a[4][3]等价的。再如：

```
int c[ ][3]={1,2,3,4,5};
```

第一维的大小按以下规则决定：

（1）当初值的个数能被第二维的常量表达式的值除尽时，所得的商数就是第一维的大小。

（2）当初值的个数不能被第二维的常量表达式的值除尽时，则：第一维的大小=所得商数+1。

因此，以上c数组的第一维的大小应该是2，也就是等同于“int c[2][3]={1,2,3,4,5};”。

6.1.4 字符数组的定义和引用

1. 字符数组的定义

字符数组就是数组中的每个元素都是字符，如：

```
char c[11];
```

c为数组名，该数组有11个元素，每个元素的值都是字符型。

2. 字符数组的初始化及引用

（1）逐个元素赋值。如：

```
char a[5]={'c', 'h', 'i', 'n', 'a'};
```

（2）整体赋值。如：

```
char a[6]= "china";
```

整体赋值时，系统在字符串尾自动加上'\0'作为字符串结束标志。即 a[5]= '\0'。

（3）引用数组名，可以代表全体字符串。如对于前面定义的数组 a[6]，以下语句：

```
printf("%s",a);
```

则输出：

```
china
```

6.2 例题分析与解答

6.2.1 选择题

1．若有说明“int a[10];”，则对 a 数组元素的正确引用是（　　）。

A．a[10]　　B．a[3.5]　　C．a(5)　　D．a[10–10]

分析：由于定义时数组的大小为 10，应当注意，数组元素的下标是从 0 开始的，也就是数组元素只能从 a[0]到 a[9]，所以选项 A 是错误的。在引用数组元素时，数组元素的下标只能是整型常量或整型表达式，故选项 B 是错误的。对数组元素引用时，常量或整型表达式只能放在一对方括号中，不能用圆括号。故选项 C 是错误的。选项 D 中，10–10 的值是 0，也就是引用 a[0]，是正确的。

答案：D

2．合法的数组说明语句是（　　）。

A．int a[ ]="string";　　B．int a[5]={0,1,2,3,4,5};

C．char a="string";　　D．int a[ ]={0,1,2,3,4,5};

分析：A 中定义的数组类型和赋值类型不一致，所以不正确。B 中赋初值的个数超出数组大小，不正确。C 中字符型的变量只能存放一个字符，不能存储字符串。D 中 a 数组的大小是由初值个数决定的，故大小为 6，是正确的。

答案：D

3．若有以下语句，则正确的描述是（　　）。

```
char x[ ]= " 12345";
char y[ ]={'1','2','3','4','5'};
```

A．x 数组和 y 数组的长度相同　　B．x 数组长度大于 y 数组的长度

C．x 数组长度大于 y 数组的长度　　D．x 数组等价于 y 数组

分析：由于语句“char x[ ]= "12345";”说明是字符型数组并进行初始化，系统按照 C 语言对字符串处理的规定，在字符串的末尾自动加上结束标记'\0'，因此数组的长度是 6；而数组 y 是按照字符方式对数组进行初始化的，系统不会自动加字

符串结束标记'\0'，所以 y 的长度是 5。

答案：B

4．已知“int a[ ][3]={1,2,3,4,5,6,7}；”，则数组 a 的第一维的大小是（　　）。

A．2　　　　B．3　　　　C．4　　　　D．无确定值

分析：由于数组说明中已给出了列的大小，因此根据初始化数据，“1，2，3”构成数组的第一行，“4，5，6”构成数组的第二行，“7”构成数组的第三行（不足部分补 0），所以数组第一维大小为 3。

答案：B

5．若二维数组 a 有 m 列，则在 a[i][j]之前的元素个数为（　　）。

A．j*m+i　　　　B．i*m+j　　　　C．i*m+j−1　　　　D．i*m+j+1

分析：在 C 语言中，由于二维数组在内存中是按照行优先的顺序存储的，且下标的起始值为 0，因此在 a[i][j]之前的元素有 i*m+j 个。

答案：B

6.2.2　填空题

1．在 C 语言中，一维数组的定义方式为：类型说明符　数组名（　　）。

本题考查一维数组的定义。注意：不能把数组的定义与数组元素的引用混为一谈。一维数组的定义为“类型名　数组名[常量表达式]；”，而应用数组元素时，数组元素的下标可以是整型常量或整型表达式，二者要严格区别。

答案：[常量表达式]

2．下面程序的运行结果是（　　）。

```
char c[5]={'a', 'b', '\0', 'c', '\0'};
printf("%s",c);
```

分析：由于字符数组 c 的元素 c[2]中保存的是字符'\0'（串结束标记），因此将数组 c 作为字符串处理时，遇到字符'\0'输出就结束。

答案：ab

3．阅读程序，写出执行结果（　　）。

```
#include <stdio.h>
main( )
{char  str[30];
 scanf("%s",str);
 printf("%s",str);
}
```

运行程序，输入：

```
Fortran Language
```

分析：在 scanf( )函数中，使用空格作为分隔符，如果输入含有空格的字符串，则不能使用 scanf( )函数。

答案：Fortran

6.3 测试题

6.3.1 选择题

1．设有数组定义“char array[ ]="China";”，则数组 array 所占的空间为（　　）。

A．4 个字节　　B．5 个字节　　C．6 个字节　　D．7 个字节

2．下列程序执行后的输出结果是（　　）。

```
#include <stdio.h>
main( )
{char arr[2][4];
strcpy(arr,"you");strcpy(arr[1], "me" );
arr[0][3]='&';
printf("%s\n",arr);
}
```

A．you&me　　B．you　　C．me　　D．err

3．当执行下面的程序时，如果输入 ABC，则输出结果是（　　）。

```
#include <stdio.h>
#include <string.h>
main( )
{char ss[10]="1,2,3,4,5";
gets(ss);strcat(ss, "6789");printf("%s\n",ss);
}
```

A．ABC6789　　B．ABC67　　C．12345ABC6　　D．ABC456789

4．以下程序的输出结果是（　　）。

```
#include  <stdio.h>
f(int b[ ],int m,int n)
{int i,s=0;
 for(i=m;i<n;i=i+2)s=s+b[ ];
 return  s;
}
main()
{int x,a[ ]={1,2,3,4,5,6,7,8,9} ;
 x=f(a,3,7);
 printf("%d\n",x);
}
```

A．10　　B．18　　C．8　　D．15

5．以下程序中函数 sort()的功能是对数组 a 中的数据进行由大到小的排序。

```
#include  <stdio.h>
```

```
void sort(int a[ ],int  n)
{int i,j,t;
  for(i=0;i<=n-1;i++)
    for(j=i+1;j<n;j++)
        if(a[i]<a[j])  {t=a[i];a[i]=a[j];a[j]=t;}
}
main( )
{int aa[10]={1,2,3,4,5,6,7,8,9,10},i;
sort(&aa[3],5);
for(i=0;i<10;i++)printf("%d,",aa[i]);
printf("\n");
}
```

程序运行后的输出结果是（　　）。

A. 1，2，3，4，5，6，7，8，9，10　　B. 10，9，8，7，6，5，4，3，2，1

C. 1，2，3，8，7，6，5，4，9，10　　D. 1，2，10，9，8，7，6，5，4，3

6. 以下程序中函数 reverse( )的功能是将 a 所指数组中的内容进行逆置。

```
#include <stdio.h>
void  reverse(int a[ ],int  n)
{int i,t;
 for(i=0;i<n/2;i++)
    {t=a[i];a[i]=a[n-1-i];a[n-1-i]=t;}
}
main( )
{int b[10]={1,2,3,4,5,6,7,8,9,10};int i,s=0;
reverse(b,8);
for(i=6;i<10;i++)s+=b[i];
printf("%d\n",s);
}
```

程序运行后的输出结果是（　　）。

A. 22　　B. 10　　C. 34　　D. 30

7. 若有说明“int　a[ ][4]={0,0};”，则下面不正确的叙述是（　　）。

A. 数组 a 的每个元素都可得到初值 0

B. 二维数组 a 的第一维大小为 1

C. 因为二维数组 a 中初值的个数不能被第二维大小的值整除，则第一维的大小等于所得商数再加 1，故数组 a 的行数为 1

D. 只有元素 a[0][0]和 a[0][1]可得到初值 0，其余元素均得不到初值 0

8. 有下面的程序段：

```
char  a[3],b[ ]="China";
a=b;
printf("%s",a);
```

则（　　）。

A．运行后将输出 China　　B．运行后将输出 ch

C．运行后将输出 Chi　　D．编译出错

9．判断字符串 s1 是否大于字符串 s2，应当使用（　　）。

A．if(s1>s2)　　B．if(strcmp(s1,s2))

C．if(strcmp(s2,s1)>0)　　D．if(strcmp(s1,s2)>0)

10．当运行以下程序时，从键盘输入“AhaMA[空格]Aha<回车>”，则下面程序的运行结果是（　　）。

```
#include <stdio.h>
main( )
{char  s[80],c='a';
int i=0;
scanf("%s",s);
while(s[i]!= '\0')
 {if(s[i]= =c) s[i]=s[i]-32;
  else if(s[i]= =c-32) s[i]=s[i]-32;
  i++;
  }
  puts(s);
}
```

A．ahAMa　　B．AhAMa　　C．AhAMa ahA　　D．ahAMa ahA

11．判断字符串 a 和 b 是否相等，应当使用（　　）。

A．if (a= =b)　　B．if(a=b)

C．if (strcpy(a，b)　　D．if(strcmp(a，b))

12．下面程序段是输出两个字符串中对应相等的字符。请选择填空。

```
char   x[ ]="programming";
char  y[ ]= "Fortran";
int  i=0;
while (x[i]!='\0'  && y[i]!= '\0')
 if(x[i]= =y[i]) printf("%c",【    】);
 else  i++;
```

A．x[i++]　　B．y[++i]　　C．x[i]　　D．y[i]

13．下面描述正确的是（　　）。

A．两个字符串所包含的字符个数相同时，才能比较字符串

B．字符个数多的字符串比字符个数少的字符串大

C．字符串“STOP”与“STOP”相等

D．字符串“That”小于字符串“The”

14．下述对 C 语言字符数组的描述中错误的是（　　）。

A．字符数组可以存放字符串

B．字符数组的字符串可以整体输入、输出

C．可以在赋值语句中通过赋值运算符“=”对字符数组整体赋值

D．不可以用关系运算符对字符数组中的字符串进行比较

15．有已排好序的字符串 a，下面的程序是将字符串 s 中的每个字符按升序的规律插入到 a 中。请选择填空。

```
#include <stdio.h>
main( )
{char a[20]="china",s[ ]= "new";
 int i,k,j;
for (k=0;s[k]!='\0';k++)
{j=0;
while(s[k]>=a[j]  && a[j]!= '\0')j++;
for(___【1】___)___【2】___;
a[j]=s[k];
}
puts(a);
}
```

【1】A．i=strlen(a)+k；i>=j；i−−　　　B．i=strlen(a)；i>=j；i−−

　　C．i=j；i<=strlen(a)+k；i++　　　D．i=j；i<=strlen(a)；i++

【2】A．a[i]=a[i+1]　　　B．a[i+1]=a[i]

　　C．a[i]=a[i−1]　　　D．a[i−1]=a[i]

16．下面程序的功能是将已按升序排好的两个字符串 a 和 b 中的字符按升序归并到字符串 c 中，请选择填空。

```
#include <stdio.h>
main()
{char  a[ ]="china",b[ ]= "japan",c[80];
int i=0,j=0,k=0;
while (a[i]!= '\0' && b[j]!= '\0')
    {if (a[i]<b[j])  {___【1】___}
       else {___【2】___}
       k++;
       }
while (___【3】___) {c[k++]=a[i++];}
while(b[j]!='\0')  {c[k++]=b[j++];}
c[k]= '\0';
puts(c);
}
```

【1】A．c[k]=a[i]；i++;　　　B．c[k]=a[j]；i++;

　　C．c[k]=a[i]；j++;　　　D．c[k]=a[j]；j++;

【2】A．c[k]=a[i]；i++;　　　B．c[k]=a[j]；i++;

　　C．c[k]=a[i]；j++;　　　D．c[k]=a[j]；j++;

【3】A．a[i]= ='\0'　　　B．a[i]!= '\0'

　　C．a[i−1]= ='\0'　　　D．a[i−1]!= '\0'

17．下面程序的功能是将字符串 s 中的所有字符 c 删除。请选择填空。

```
#include <stdio.h>
main()
{char s[80];
int  i,j;
gets(s);
for(i=j=0;s[i]!='\0';i++)
    if(s[i]!= 'c')  【 】  ;
    s[j]= '\0';
    puts(s);
}
```

A. s[j++]=s[i]　　B. s[++j]=s[i]　　C. s[j]=s[i]；j++　　D. s[j]=s[i]

18. 下面程序的功能是从键盘输入一行字符串，统计其中有多少个单词，单词之间用空格分隔。请选择填空。

```
#include <stdio.h>
main()
{char  s[80],c1,c2=' ';
int i=0,num=0;
gets(s);
while(s[i]!= '\0')
{c1=s[i];
if(i= =0)c2=' ';
else  c2=s[i-1];
if (  【 】  )num++;
i++;
}
printf("There  are  %d  words. \n",num);
}
```

A. c1= =' '&& c2= =' '　　B. c1!=' '&& c2= =' '

C. c1= =' '&& c2!=' '　　D. c1!=' ' && c2!=' '

19. 下面程序的运行结果是（　　）。

```
#include <stdio.h>
main( )
{char  ch[7]={ "12ab56"};
int  i,s=0;
for(i=0;ch[i]>='0' && ch[i]<= '9';i+=2)
    s=10*s+ch[i]-'0';
printf("%d\n",s);
}
```

A. 1　　B. 1256　　C. 12ab56　　D. 1
2
5
6

6.3.2 填空题

1. 在C语言中，二维数组元素在内存中的存放顺序是___【1】___。

2. 若二维数组a有m列，则计算任一元素a[i][j]在数组中的位置的公式为：___【1】___（假设a[0][0]位于数组的第一个位置上）。

3. 若有定义"int a[3][4]={{1，2}，{0}，{4，6，8，10}}；"，则初始化后，a[1][2]得到的初值是___【1】___，a[2][1]得到的初值是___【2】___。

4. 下面程序将二维数组a的行和列元素互换后存到另一个二维数组b中。请填空。

```
main( )
{int a[2][3]={{1,2,3},{4,5,6}};
int b[3][2],i,j;
for (i=0;i<=1;i++)
    {for(j=0;___【1】___;j++)
        {printf("%5d",a[i][j]);
           ___【2】___;}
    printf("\n");}
}
printf("array  b:\n");
for(i=0;___【3】___;i++)
    {for(j=0;j<=1;j++)
        printf("%5d",b[i][j]);
      printf("\n");}
}
```

5. 下面程序用"快速顺序查找法"查找数组a中是否存在某个数。请填空。

```
main( )
{int a[5]={25,57,34,56,12};
int i,x;
scanf("%d",&x);
for(i=0;i<8;i++)
    if (x= =a[i])
        {printf("Found! %d\n",--i);___【1】___;    }
if (___【2】___)printf("Can't  found! ");
}
```

6. 下面程序用插入法对数组a进行降序排序。请填空。

```
main()
{int  a[5]={4,7,2,5,1};
int i,j,m;
for (i=1;i<5;i++)
    {m=a[i];j=___【1】___;
    while(j>=0 && m>a[j])
         {___【2】___;
```

```
            j--;
          }
          ____【3】____=m;
      }
  for(i=0;i<5;i++)
      printf("%d",a[i]);
  printf("\n");
  }
```

7．程序用“两路合并法”把两个已按升序排列的数组合并成一个升序数组。请填空。

```
main()
{int a[3]={5,9,19};
int  b[5]={12,24,26,34,56};
int  c[8],i=0,j=0,k=0;
while(i<3 && j<5)
    if(____【1】____)
        {c[k]=b[j];k++;j++;}
else
    {c[k]=a[i];k++;i++;}
while(____【2】____)
    {c[k]=a[i];i++;k++;}
while(____【3】____)
    {c[k]=b[j];k++;j++;}
for(i=0;i<k;i++)
    printf("%3d",c[i]);
}
```

8．若有以下输入（_代表空格，<CR>代表回车），则下面程序的运行结果是【____】。

```
1_2_3_4_5_6<CR>
main()
{int a[6],i,j,k,m;
for(i=0;i<6;i++)
    scanf("%d",&a[i]);
for(i=5;i>=0;i--)
    { k=a[5];
      for(j=4;j>=0;j--)
        a[j+1]=a[j];
      a[0]=k;
      for(m=0;m<6;m++)
        printf("%d",a[m]);
      printf("\n");
    }
}
```

9．下面程序段的运行结果是【____】。

```
char  ch[ ]="600";
int  a,s=0;
for(a=0;ch[a]>= '0' && ch[a]<= '9';a++)
    s=10*s+ch[a] -'0';
printf(" %d",s);
```

10. 下面程序的功能是在一个字符数组中查找一个指定的字符，若数组含有该字符则输出该字符在数组中第一次出现的位置（下标值）；否则输出-1。请填空。

```
#include <stdio.h>
#include <string.h>
main()
{char c='a',t[5];
int n,k,j;
gets(t);
n=___【1】___;
for(k=0;k<n;k++)
    if(___【2】___){j=k;break;}
    else j=-1;
printf("%d",j);
}
```

11. 下面程序的功能是在三个字符串中找出最小的。请填空。

```
#include <stdio.h>
#include <string.h>
main()
{char s[20],str[3][20];
int i;
for (i=0;i<3;i++) gets(str[i]);
strcpy(s,___【1】___);
if(strcom(str[1],s)<0) ___【2】___;
if(strcom(str[2],s)<0) strcpy(s,str[2]);
printf("%s\n",___【3】___);
}
```

12. 下面程序的运行结果是（　　）。

```
#include <stdio.h>
main()
{int i;
char a[ ]="Time",b[ ]= "Tom";
for(i=0;a[i]!='\0' && b[i]!= '\0';i++)
  if(a[i]= =b[i])
    if(a[i]>= 'a' && a[i]<= 'z')printf("%c",a[i] -32);
    else printf("%c",a[i]+32);
  else printf("*");
}
```

6.3.3 编程题

1．求 Fibonacci 数列的前 20 项（数列的前两项分别是 1，从第三项开始每一项都是前两项的和。如：1，1，2，3，5，8，…）。

2．用三种方法对 10 个数由小到大排序。

3．找出 100 以内的所有素数，存放在一维数组中，并将所找到的素数按每行 10 个的形式输出。

4．设有一个二维数组 a[5][5]，试编程计算：

（1）所有元素的和；

（2）所有靠边元素之和；

（3）两条对角线元素之和。

5．按金字塔形状打印杨辉三角形。

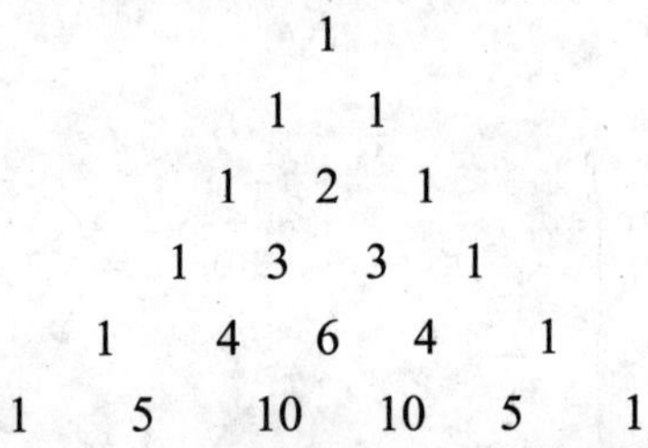

6．有一个 4 行 5 列的矩阵，求出矩阵的行的和为最大与最小的行，并调换这两行的位置。

7．求一个 n×n 阶的矩阵 A 的转置矩阵 B（一个矩阵的对应的行列互换后即为该矩阵的转置矩阵）。

8．输入一行字符串，统计其中有多少个单词，单词之间用空格分隔开。

9．找出一个二维数组中的马鞍点，即该位置上的数在该行最大，在该列最小。也可能没有马鞍点。

10．有 10 个数，按由大到小的顺序存放在一个数组中，输入一个数，要求用折半查找法找出该数是数组中的第几个数。如果该数不在数组中，则打印出“无此数”。

11．有三行英文，每行有 60 个字符。要求分别统计出其中英文大写字母、小写字母、数字、空格和其他字符的个数。

12．编写打印 N（N 为奇数）阶魔方阵。

魔方阵是有 $1\sim N^2$ 个自然数组成的奇次方阵，方阵的每一行、每一列及两条对角线上的元素和相等。魔方阵的编排规律如下：

（1）1 放在最后一行的中间位置。即 I=N，J=(N+1)/2，A(I,J)=1。

（2）若 I+1>N，且 J+1≤N，则下一个数放在第一行的下一列位置。

（3）若 I+1≤N，且 J+1>N，则下一个数放在下一行的第一列位置。

（4）若 I+1>N，且 J+1>N，则下一个数放在前一个数的上方位置。

（5）若 I+1≤N，J+1≤N，但右下方位置已存放数据，则下一个数放在前一个数的上方。

（6）重复步骤（1），直到 N^2 个数都放入方阵中。

下面是一个3阶魔方阵的示例：

4	9	2
3	5	7
8	1	6

13．编写一个程序，将两个字符串连接起来，不要用strcat函数。

14．编写一个程序，将字符数组s2中的全部字符复制到字符数组s1中。不用strcpy函数。复制时，'\0'后面的字符不复制。

第7章 函数与程序结构

7.1 知识要点

7.1.1 函数的概念

一个C程序可由一个主函数和若干其他函数构成，并且只能有一个主函数。由主函数调用其他函数，其他函数也可以互相调用。同一个函数可以被一个或多个函数调用多次。

C程序的执行总是从main( )函数开始。调用其他函数完毕后，程序流程回到main( )函数，继续执行主函数中的其他语句，直到main( )函数结束，则整个程序的运行结束。

所有函数都是平行的，即在函数定义时它们是互相独立的，函数之间并不存在从属关系。也就是说，函数不能嵌套定义，函数之间可以互相调用，但不允许调用main( )函数。

7.1.2 函数的种类

根据函数的定义方式不同，可将函数分为以下2类：

（1）标准函数，即库函数。这些函数由系统提供，可直接使用。

（2）自定义函数。用以解决用户需要时设计定义的函数。

7.1.3 函数定义的一般形式

C语言中函数定义的一般形式如下：

```
函数返回值的类型名    函数名（类型名    形式参数1，类型名    形式参数2，…）
{
    说明部分;
    语句部分;
}
```

说明：

（1）若在函数的首部省略了函数返回值的类型名，可以写成：

```
函数名（类型名    形式参数1，类型名    形式参数2，…）
```

（2）若所定义的函数没有形参，函数名后的一对圆括号依然不能省略。例如：

```
fun( )
{  }
```

7.1.4　函数参数和函数的返回值

1. 形式参数和实际参数

在定义函数时，函数名后面括号中的变量称为“形式参数”（简称“形参”）；在主调函数中，函数名后面括号中的参数（可以是表达式）称为“实际参数”（简称“实参”）。

说明：

（1）实参可以是常量、变量、表达式、数组元素或数组名。

（2）实参是常量、变量、表达式或数组元素时，实参对形参的数据传递是“值传递”，即单向传递。数据只能由实参传给形参，而不能由形参传给实参。在内存中，实参单元与形参单元是不同的单元。

（3）实参是数组名时，实参和形参之间数据传递的方式是“地址传递”，即双向传递。把实参数组的起始地址传递给形参数组，这样两个数组就共同占用同一段内存单元。

2. 函数返回值

函数的返回值就是通过函数调用使主调函数能得到一个确定的值。通过 Return 语句返回函数的值，Return 语句有以下 3 种形式：

```
    Return   表达式;
Return(表达式);
Return;
```

说明：Return 语句中的表达式的值就是所求的函数值。此表达式值的类型必须与函数首部所说明的类型一致。若类型不一致，则以函数值的类型为准，由系统自动转换。

7.1.5　函数的调用

函数调用的一般形式为：

```
函数名（实参列表）;
```

说明：

（1）调用可分为无参函数调用和有参函数调用两种，如果调用无参函数，则不用“实参列表”，但括号不能省略。在调用有参函数是，实参列表中的参数个数、类型、顺序要与形参保持一致。

（2）把函数调用作为一个语句，这时该函数只需完成一定的操作而不必有返回值。

（3）若函数调用出现在一个表达式中，参与表达式的计算，则要求该函数有一个确定的返回值。

（4）函数调用可作为另外一个函数的实参出现。

7.1.6　C 语言中数据传递的方式

（1）实参与形参之间进行数据传递。

（2）通过 Return 语句把函数值返回到主调函数中。

（3）通过全局变量。

7.1.7 函数的嵌套调用和递归调用

1. 函数的嵌套调用

C 语言的函数定义都是独立的，不允许嵌套定义函数，即一个函数内不能定义另一个函数。但可以嵌套调用函数，即在调用一个函数的过程中，又调用另一个函数，如图 7.1 所示。

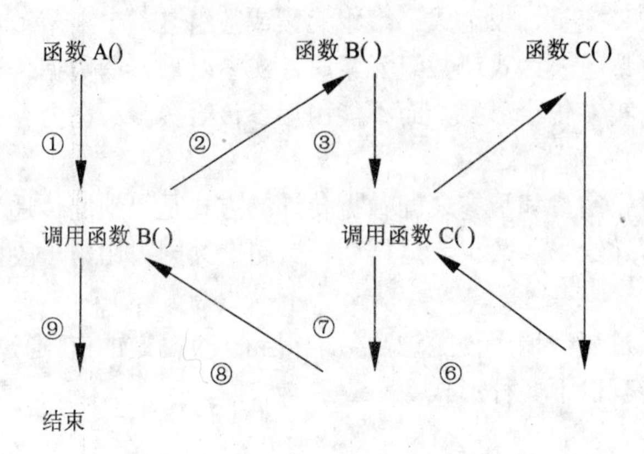

图 7.1 函数的嵌套调用

2. 函数的递归调用

在调用一个函数的过程中又直接或间接地调用该函数本身，称为函数的递归调用。

当一个问题在采用递归法解决时，必须符合以下 3 个条件：

（1）可以把要解决的问题转化为一个新的问题。这个新问题的解决方法与原来的解决方法相同，只是所处理的对象有规律的递增或递减。

（2）必须有一个明确的结束递归的条件。

7.1.8 全局变量和局部变量

1. 局部变量

在一个函数内部定义的变量，它们只在本函数范围内有效，即只能在本函数内部才能使用它们，其他函数不能使用这些变量。不同函数中可以使用相同名字的局部变量，但它们代表不同的对象，在内存中占不同的单元，互不干扰。

2. 全局变量

在函数之外定义的变量称为全局变量，也称外部变量。全局变量可以为本文件中其他函数所共用，它的有效范围从定义处开始到本文件结束。

说明：如果在同一个程序中，全局变量与局部变量同名，则在局部变量的作用范围内，全局变量被“屏蔽”，即它不起作用，局部变量起作用。

7.1.9 变量的存储类别

（1）静态存储：在程序运行期间分配固定的存储空间。

（2）动态存储：在程序运行期间根据需要动态分配存储空间。

（3）变量的种类：自动（auto）、静态（static）、寄存器（register）和外部（extern），其中自动（auto）和寄存器（register）变量的值存放在动态存储区。静态（static）变量和外部（extern）变量的值存放在静态存储区。

7.1.10 内部函数和外部函数

1. 内部函数

内部函数是只能被文件中的其他函数所调用的函数。在定义内部函数时，在函数名和函数类型前加 static。一般形式为：

```
static  类型标识符   函数名（形参表）
```

内部函数只局限于所在文件。

2. 外部函数

在定义函数时，如果在函数名和函数类型前加 extern，则表示此函数是外部函数，可供其他文件的函数使用。一般形式为：

```
extern  类型标识符        函数名（形参表）
```

C 语言规定，如果在定义函数时省略 extern，则隐含为外部函数。

7.2 例题分析与解答

7.2.1 选择题

1. 以下叙述中正确的是（　　）。

A．C 语言程序总是从第一个定义的函数开始执行

B．在 C 语言程序中，要调用的函数必须在 main( )函数中定义

C．C 语言程序总是从 main( )函数开始执行

D．C 语言程序中的 main( )函数必须放在程序的开始部分

分析：一个 C 程序总是由许多函数组成，main( )函数可以放在程序的任何位置。C 语言规定，不能在一个函数内部定义另一个函数。无论源程序包含了多少函数，C 程序总是从 main()函数开始执行。对于用户定义的函数，一般必须遵循先定义后使用的原则。

答案：C

2. 以下函数

```
fun(float  x)
{printf("%d\n",x*x);
}
```

的类型是（　　）。

A．与参数 x 的类型相同　　　　B．void 类型

C．int 类型　　　　　　　　D．无法确定

分析： 若函数名的类型没有说明，C默认函数返回值的类型为int类型，函数返回值的类型应为int类型，因此本题的答案是C。

答案： C

3．以下程序的输出结果是（　　）。

```
#include <stdio.h>
fun(int  a, int b, int c)
    {c=a*b; }
main()
{int c;
 fun(2,3,c);
 printf("%d\n", c);
}
```

A．0　　　　B．1　　　　C．6　　　　D．无定值

分析： 函数fun中没有return语句，因此不返回函数值。在main( )函数中，变量c没有赋值；在调用fun()函数时，c是第三个实参，但调用时，它没有值传给形参c。虽然形参c被赋值6，但形参值不能传给实参，因此在函数调用结束、返回主函数后，主函数中的c仍然无确定的值。

答案： D

4．有如下程序：

```
#include  <stdio.h>
int max(x,y)
int x,y;
{int z;
 if (x>y) z=x;
 else  z=y;
 return(z);
}
main( )
{extern  int a,b;
 printf("max=%d\n",max(a,b));
}
int a=3,b=5;
```

运行结果为（　　）。

A．max=3　　　　B．max=4　　　　C．max=5　　　　D．max=6

分析： C语言规定外部变量说明与外部变量定义并不是一回事。外部变量的定义只有一次，它的位置在所有函数之外，而外部变量的说明可以有多次，在哪个函数内要用定义在后面的外部变量，就要在那个函数内予以说明，根据规定很容易得到运行结果max=5。

答案： C

5．如下程序的运行结果为（　　）。

```
#include  <stdio.h>
f(int a)
{auto  int b=0;
 static  c=3;
 b=b+1;
 c=c+1;
 return(a+b+c);
}
main( )
{int a=2,i;
for(i=0;i<3;i++)
  printf("%d",f(a));
}
```

A. 6　7　8　　B. 7　8　9　　C. 5　6　7　　D. 无输出结果

分析：本程序中，f()函数内的 b 为局部变量，c 为静态变量，第一次调用开始时 b=0，c=3，在函数执行中 c=c+1，c 变成 4。第二次调用时，c 保持上次调用结束时的值 4，在执行完 c=c+1 后，c 的值为 5，b 重新赋值为 0，依次类推。

答案：B

6．下列程序的运行结果是（　　）。

```
#include  <stdio.h>
func(int a ,int  b)
{int temp=a;
a=b; b=temp;
}
main( )
{int  x, y;
x=10; y=20;
func(x, y);
printf("%d, %d\n", x, y);
}
```

A. 10, 20　　B. 10, 10　　C. 20, 10　　D. 20, 20

分析：这里是传值调用，不会改变实参的值。

答案：A

7．以下程序的运行结果是（　　）。

```
#include  <stdio.h>
int func(int n)
{if(n= =1 )  return  1;
 else  return(n*func(n-1));
}
main( )
```

```
{int x;
 x=func(3);
 printf("%d\n",x);
}
```

A. 5　　B. 6　　C. 7　　D. 8

分析：func( )是递归函数，func(3)=3*func(2)=3*2*func(1)=3*2*1=6。

答案：B

7.2.2 填空题

1. 以下函数用以求 x 的 y 次方，请填空。

```
double fun(double  x,int  y)
{int  i;
double  z=1.0;
for(i=1;i__[1]__;i++)
    z=__[2]__ ;
return  z;
}
```

分析：求 x 的 y 次方就是把 y 个 x 连乘。z 的初值为 1，在 for 循环体中 z=z*x 执行 y 次。因此，在[1]处填<=y，在[2]处填 z*x（或 x*z）。遇到累加或累乘问题时，很重要的任务就是确定累加或累乘项的表达式，并确定累加或累乘的条件。

答案：[1]<=y　　[2]z*x

2. 阅读以下程序并填空，该程序是求阶乘的累加和。

```
s=0!+1!+2!+…+n!
#include  <stdio.h>
long  f(int  n)
{int i;
long  s;
s=__[1]__ ;
for(i=1; i<=n; i++)
    s=__[2]__ ;
return  s;
}
main( )
{long  s;
int  k, n;
scanf("%d", &n);
s=__[3]__ ;
for(k=0; k<=n; k++)
    s=s+__[4]__;
printf("%ld\n", s);
}
```

分析： 本题要求进行累加计算，但每一个累加项是一个阶乘值。函数 f()用于求阶乘值 n!（n 为形参）。求阶乘的值存于变量 s 中，因此 s 的初值应为 1，[1]空处填 1。连乘的算法可用表达式 s=s*i（i 从 1 变化到 n），因此[2]空处填 s*i。累加运算是在主函数中完成的，累加的值放在主函数的 s 变量中，因此 s 的初值应为 0，在[3]空处填 0。累加放在 for 循环中，循环控制变量 k 的值确定了 n 的值，调用一次 f()函数可求出一个阶乘的值，所以在[4]空处填 f(k)（k 从 0 变化到 n）。在进行累加及连乘时，存放乘积或累加和的变量必须赋初值；求阶乘时，存放乘积的变量的初值不能是 0。

答案：（1）1　（2）s*i　（3）0　（4）f(k)

3．以下只有在使用时才为该类型变量分配内存的存储类说明是（　　）。

A．auto 和 static　　B．auto 和 register

C．register 和 static　　D．extern 和 register

分析： auto 和 register 属于动态存储分配，在程序执行时分配内存单元，程序结束时释放存储单元，extern 和 static 是静态存储分配，在程序执行之前就进行内存单元的分配。

答案： B。

4．以下程序的输出结果是（　　）。

```
int f()
{
  static int i=0;
  int s=1;
  s+=i;
  i++;
  return s;
}
main()
{
  int i,a=0;
  for(i=0;i<5;i++)
  a+=f();
  printf("%d\n",a);
}
```

A．20　　B．24　　C．25　　D．15

分析： 本题涉及静态变量和动态变量的概念，在函数 f()中，变量 i 是静态变量，多次调用时，静态变量 i 的值连续保留，变量 s 是动态变量，多次调用时，每次 s 都初始化为 1，主函数中 for 循环 5 次，f()被调用 5 次。

答案：D。

5．若有以下程序。

```
#include <stdio.h>
void f(int n);
```

```
main()
{
  void f(int n);
  f(5);
}
void f(int n)
{
  printf("%d\n",n);
}
```

则以下叙述中不正确的是（　　）。

A. 若只在主函数中对函数f进行说明，则只能在主函数中正确调用函数f

B. 若在主函数前对函数 f 进行说明，则在主函数和其后的其他函数中都可以正确调用函数f

C. 对于以上程序，编译时系统会提示出错信息：提示对f函数重复说明

D. 函数f无返回值，所以可用void将其类型定义为无值型

分析： 选项 A 正确，因为若子函数定义出现在后面，之前调用此函数时，需提前声明，选项B也正确，原理同选项A，选项C不正确，编译时不会产生函数重复说明的出错信息，根据C语言的规定，其后定义的函数，之前若要使用，需要提前使用函数声明语句声明，选项D正确，C语言规定，若函数无返回值，可以将函数名类型定义为无值类型void。

答案： C

6. 下述程序的输出结果是（　　）。

```
long fun(int n)
{
 long s;
 if(n==1||n==2)
 s=2;
 else
 s=n-fun(n-1);
 return s;
}
main()
{
 printf("%ld\n",fun(3));
}
```

A. 1　　　　B. 2　　　　C. 3　　　　D. 4

分析： 本题涉及函数递归调用，在函数fun()中，又调用了自己，函数递归调用一定要注意递归的结束条件，并且最好在分析递归调用时能画出递归层次示意图，特别要注意每一次递归调用时，都会产生新的同名形参变量，本题函数fun()第二次调用时，实参n-1，即3-1，实参为2，已经满足递归结束条件。

答案： A。

7. 下列程序执行后的输出结果是（ ）。

```
#include <stdio.h>
void func1(int i);
void func2(int i);
char st[]="hello,friend";
void func1(int i)
{
 printf("%c",st[i]);
 if(i<3)
 {
 i+=2;
 func2(i);
 }
}
void func2(int i)
{
printf("%c",st[i]);
if(i<3)
{
        i+=2;
  func1(i);
 }
}
main()
{
int i=0;
func1(i);
printf("\n");
}
```

A. hello　　B. hel　　C. hlo　　D. hlrn

分析：本题函数调用属于间接递归，主函数中调用 func1(0)，输出字符 h，之后调用 func2(2)，输出字符 l，然后再次调用 func1(4)，输出字符 o，此时递归结束条件满足，结束递归执行。

答案：C。

8. 以下程序的输出结果是（ ）。

```
#include <stdio.h>
int a,b;
void fun()
{
 a=100;
       b=200;
}
main()
```

```
{
 int a=5,b=7;
 fun();
 printf("%d%d",a,b);
}
```

A. 100200　　B. 57　　C. 200100　　D. 75

分析：本题涉及全局变量和局部变量的关系问题，题目中定义了全局变量a、b，同时主函数中定义了同名的局部变量a、b，按照C语言的规定，“局部优先”，所以在主函数中printf("%d%d",a,b);输出的是局部变量a、b的当前值。

答案：B

7.3 测试题

7.3.1 选择题

1. 以下对C语言函数描述中，正确的是（　　）。
   A. C程序由一个或一个以上的函数组成
   B. C函数既可以嵌套定义又可以递归调用
   C. 函数必须有返回值，否则不能使用函数
   D. C程序中调用关系的所有函数必须放在同一个程序文件中
2. 以下叙述中不正确的是（　　）。
   A. 在C语言中，调用函数时，只能把实参的值传递给形参，形参的值不能传给实参
   B. 在C的函数中，最好使用全局变量
   C. 在C语言中，形参只能在所在函数中使用
   D. 在C语言中，函数名的存储类别为外部
3. C语言中函数返回值的类型由（　　）决定。
   A. return语句中的表达式类型
   B. 调用函数的主调函数类型
   C. 调用函数时的临时类型
   D. 定义函数时所指定的函数类型
4. C语言规定，调用一个函数时，实参变量和形参变量之间的数据传递是（　　）。
   A. 地址传递
   B. 由实参传给形参，并有形参返回给实参
   C. 值传递
   D. 由用户指定传递方式
5. 下面程序的输出是（　　）。

```
#include  <stdio.h>
fun(int  x)
{static  int  a=3;
a+=x;
```

```
return(a);
}
main()
{int k=2,m=1,n;
n=fun(k);
n=fun(m);
printf("%d",n);
}
```

A. 3　　B. 4　　C. 6　　D. 9

6. 以下程序输出的结果是（　　）。

```
#include  <stdio.h>
int  func(int  a,int  b)
{return(a+b);}
main()
{int x=2,y=5,z=8,r;
r=func(func(x,y),z);
printf("%d\n",r);
}
```

A. 12　　B. 13　　C. 14　　D. 15

7. 以下程序的输出结果是（　　）。

```
#include  <stdio.h>
long  fun(int n)
{long  s;
 if(n= =1|| n= =2)s=2;
 else  s=n-fun(n-1);
 return  s;
}
main( )
{printf("%ld\n",fun(3));}
```

A. 1　　B. 2　　C. 3　　D. 4

8. 以下函数值的类型是（　　）。

```
fun(float  x)
{float  y;
 y=3*x-4;
 return  y;
}
```

A. int　　B. 不确定　　C. void　　D. float

9. 以下程序的输出结果是（　　）。

```
#include  <stdio.h>
int  a,b;
```

```
void  fun()
{a=100;b=200;}
main()
{int  a=5,b=7;
 fun();
 printf("%d%d\n",a,b);
}
```

A. 100200　　B. 57　　C. 200100　　D. 75

10. 以下程序的输出结果是（　　）。

```
#include  <stdio.h>
int  x=3;
main( )
{int  i;
for(i=1; i<x; i++)incre( );
}
incre( )
{static  int  x=1;
x*=x+1;
printf("  %d", x);
}
```

A. 3　3　　B. 2　2　　C. 2　6　　D. 2　5

11. 以下程序的输出结果是（　　）。

```
#include  <stdio.h>
int  f(int  n)
{if(n= =1)  return  1;
 else  return  f(n-1)+1;
}
main( )
{int  i,j=0;
for(i=1;i<3;i++)
    j+=f(i);
printf("%d\n",j);
}
```

A. 4　　B. 3　　C. 2　　D. 1

12. 下列程序执行后输出的结果是（　　）。

```
#include  <stdio.h>
int d=1;
fun(int  p)
{int d=5;
d+=p++;
printf("%d",d);
```

```
}
main( )
{int  a=3;
fun(a);
d+=a++;
printf("%d\n",d);
}
```

A. 8　4　　　B. 9　6　　　C. 9　4　　　D. 8　5

13. 函数调用 strcat(strcpy(str1,str2),str3)的功能是（　　）。

A. 将字符串 str1 复制到字符串 str2 中后再连接到字符串 str3 之后

B. 将字符串 str1 连接到字符串 str2 之后再复制到字符串 str3 之后

C. 将字符串 str2 复制到字符串 str2 中后再将字符串 str3 连接到字符串 str1 之后

D. 将字符串 str2 连接到字符串 str1 之后再将字符串 str1 复制到字符串 str3 中

14. 以下程序的输出结果是（　　）。

```
#include  <stdio.h>
int  abc(int  u, int  v);
main( )
{int a=24,b=16,c;
c=abc(a,b);
printf("%d\n",c);
}
int  abc(int  u,int  v)
{int w;
while(v)
{w=u%v;u=v;v=w;}
return  u;
}
```

A. 6　　　B. 7　　　C. 8　　　D. 9

15. 以下正确的函数形式是（　　）。

A. double　fun(int　x,int　y)
{z=x+y;　return　z;}

B. fun(int　x,y)
{int　z;
return　z; }

C. fun(x,y)
{int　x,y;　double　z;
z=x+y;return　z;}

D. double　fun(int　x,int　y)
{double　z;
z=x+y;　return　z; }

16. 以下正确的说法是（　　）。

A. 用户若需调用标准库函数，调用前必须重新定义

B. 用户可以重新定义标准库函数，若如此，该函数将失去原有含义

C. 系统不允许用户重新定义标准库函数

D. 用户若需调用标准库函数，调用前不必使用预编译命令将该函数所在文件包括到用户源文件中，系统自动去调用

17．若调用一个函数，且此函数中没有 return 语句，则正确的说法是（　　）。
A．该函数没有返回值
B．该函数返回若干个系统默认值
C．该函数返回一个用户希望的函数值
D．该函数返回一个不确定的值
18．在 C 语言中，以下不正确的说法是（　　）。
A．实参可以是常量、变量或表达式
B．形参可以是常量、变量或表达式
C．实参可以为任意类型
D．形参应与其对应的实参类型一致
19．以下不正确的说法是（　　）。
A．定义函数时，形参的类型说明可以放在函数体内
B．return 返回的值不能为表达式
C．如果函数值的类型与返回值类型不一致，以函数值类型为准
D．如果形参与实参的类型不一致，以实参类型为准
20．C 语言规定，简单变量作为实参时，它和对应形参之间的数据传递方式是（　　）。
A．地址传递
B．单向值传递
C．由实参传给形参，再由形参传回给实参
D．由用户指定传递方式
21．若用数组名作为函数调用的实参，传递给形参的是（　　）。
A．数组的首地址　　B．数组第一个元素的值
C．数组中全部元素的值　　D．数组元素的个数
22．已有以下数组定义和 f 函数调用语句，则在 f 函数的说明中，对形参数组 array 的错误定义方式为（　　）。

```
int  a[3][4];
f(a);
```

A．f(int　array[ ][6])　　B．f(int　array[3][ ])
C．f(int　array[][4])　　D．f(int　array[2][5])
23．若使用一维数组名作函数实参，则以下正确的说法是（　　）。
A．必须在主调函数中说明此数组的大小
B．实参数组类型与形参数组类型可以不匹配
C．在被调函数中，不需要考虑形参数组大小
D．实参数组名和形参数组名必须一致
24．如果在一个函数中的复合语句中定义了一个变量，则以下正确的说法是（　　）。
A．该变量只在该复合语句中有效
B．该变量在该函数中有效
C．该变量在本程序范围内有效

D．该变量为非法变量

25．折半查找法的思路是：先确定待查元素的范围，将其分成两半，然后测试位于中间点元素的值。如果该查找元素的值大于中间点元素的值，就缩小查找范围，只查找中点之后的元素；反之，测试中点之前的元素，测试方法相同。函数 fun 的作用是应用折半查找法从 10 个数的 a 数组中对数据 m 进行查找，若找到，返回其下标值；反之，返回－1。请选择填空。

```
fun(int  a[10],int  m)
{int low=0,high=9,mid;
while (low<=high)
{mid=(low+high)/2;
if(m<a[mid]) 【1】;
else  if(m>a[mid]) 【2】;
        else return(mid);
}
    return(-1);
}
```

【1】 A．high=mid－1　B．low=mid+1　C．high=mid+1　D．low=mid－1

【2】 A．high=mid－1　B．low=mid+1　C．high=mid+1　D．low=mid－1

26．以下程序的正确运行结果是（　　）。

```
#define     MAX     10
int  a[MAX], i;
main( )
{printf("\n"); sub1(); sub3( a); sub2(); sub3(a); }
sub1()
{for(i=0; i<MAX; i++)a[i]=i+i; }
sub2()
{int a[MAX], i, max;
max=5;
for(i=0; i<max; i++)a[i]=i; }
sub3(int a[ ])
{int  i;
for(i=0; i<MAX; i++)printf("%d", a[i]);
printf("\n");
}
```

A．0 2 4 6 8 10 12 14 16 18
　 0 1 2 3 4

B．0 1 2 3 4
　 0 2 4 6 8 10 12 14 16 18

C．0 1 2 3 4 5 6 7 8 9
　 0 1 2 3 4

D．0 2 4 6 8 10 12 14 16 18
　 0 2 4 6 8 10 12 14 16 18

27．以下程序的正确运行结果是（　　）。

```
#include    <stdio.h>
void  num( )
{extern  int  x, y; int  a=15, b=10;
 x=a - b;
 y=a+b;
}
int  x, y;
main()
{int  a=7, b=5;
 x=a+b;
 y=a - b;
 num();
 printf("%d, %d\n", x, y);
}
```

A．12，2　　　B．不确定　　　C．5，25　　　D．1,12

28．C语言中形参的默认存储类别是（　　）。

A．自动（auto）　　　B．静态（static）

C．寄存器（register）　　　D．外部（extern）

29．下面对函数嵌套的叙述中，正确的叙述为（　　）。

A．函数定义可以嵌套，但函数调用不能嵌套

B．函数定义不可以嵌套，但函数调用可以嵌套

C．函数定义和调用均不能嵌套

D．函数定义和调用均可以嵌套

30．下面关于形参和实参的说法中，正确的是（　　）。

A．形参是虚设的，所以它始终不占内存单元

B．实参与它所对应的形参占用不同的内存单元

C．实参与它所对应的形参占用同一个内存单元

D．实参与它所对应的形参同名时可占用同一个内存单元

31．关于全局变量，下列说法正确的是（　　）。

A．本程序的全部范围

B．离定义该变量的位置最接近的函数

C．函数内部范围

D．从定义该变量的位置开始到本文件结束

32．调用一个函数，此函数中没有 return 语句，下列说法正确的是（　　）。

A．该函数没有返回值

B．该函数返回若干个系统默认值

C．该函数能返回一个用户所希望的函数值

D．该函数返回一个不确定的值

33. 以下函数调用语句中含有（　　）个实参。

```
fun((exp1,exp2),(exp3,exp4,exp5));
```

A. 1　　B. 2　　C. 4　　D. 5

34. 下述程序输出的结果是（　　）。

```
#include <stdio.h>
void fun(int a,int b,int c)
{
  a=456;
  b=567;
  c=678;
}
main()
{
  int x=10,y=20,z=30;
  fun(x,y,z);
  printf("%d,%d,%d",z,y,x);
}
```

A. 30，20，10　　B. 10，20，30
C. 456，567，678　　D. 678，567，456

35. 下述程序输出的结果是（　　）。

```
fun(int a,int b,int c)
{
  c=a*a+b*b;
}
main()
{
  int x=22;
  fun(4,2,x);
  printf("%d",x);
}
```

A. 20　　B. 21　　C. 22　　D. 23

36. 下述程序输出的结果是（　　）。

```
#include <stdio.h>
main()
{
  int i=2,p;
  p=f(i,i+1)
  printf("%d",p);
}
int f(int a,int b)
{
```

```
  int c;
  c=a;
  if(a>b)
      c=1;
  else
      if(a==b)    c=0;
      else    c=-1;
  return c;
}
```

A. -1　　B. 0　　C. 1　　D. 2

37. 下述程序输出的结果是（　　）。

```
#include <stdio.h>
main()
{
  int a=8,b=1,p;
  p=func(a,b);
  printf("%d,",p);
  p=func(a,b);
  printf("%d\n",p);
}
func(int x,int y)
    {
static int m=2,k=2;
  k+=m+1;
  m=k+x+y;
  return(m);
}
```

A. 14，29　　B. 14，24　　C. 14，8　　D. 14，30

38. 下述程序输出的结果是（　　）。

```
#include <stdio.h>
int s=13;
int fun(int x,int y)
{
  int s=3;
  return(x*y-s);
}
main()
{
  int m=7,n=5;
  printf("%d\n",fun(m,n)/s);
}
```

A. 1　　B. 2　　C. 7　　D. 10

39. 下述程序输出的结果是（　　）。

```
#include <stdio.h>
main()
{
  int x=1;
  fun(fun(x));
}
fun(int n)
{
  static int s[3]={1,2,3};
  int i;
  for(i=0;i<3;i++)
     s[i]+=s[i]-n;
  for(i=0;i<3;i++)
     printf("%d,",s[i]);
  printf("\n");
  return(s[n]);
}
```

A. 1，3，5　　1，5，9
B. 1，3，5　　1，3，5
C. 1，3，5　　0，4，8
D. 1，3，5　　1，3，7

40. 下述程序输出的结果是（　　）。

```
#include <stdio.h>
void fun1()
{
  int x=0;
  x++;
  printf("%d,",x);
}
void fun2()
{
  static int x;
  x++;
  printf("%d,",x);
}
main()
{
  int i;
  for(i=0;i<3;i++)
  {
      fun1();
      fun2();
  }
}
```

A. 1，1，1，1，1，1　　　　B. 1，1，1，1，2，3
C. 1，1，2，2，3，3　　　　D. 1，1，2，1，3，1

41. 下述程序输出的结果是（　　）。

```
#include <stdio.h>
int m=3;
main()
{
  int m=10;
  printf("%d\n",fun(5)*m);
}
fun(int k)
{
  if(k==0)
      return m;
  return(fun(k-1)*k);
}
```

A. 360　　B. 3600　　C. 1080　　D. 1200

42. 以下程序的输出结果是（　　）。

```
#include <stdio.h>
char cchar(char ch)
{
  if(ch>='A'&&ch<='Z')
  ch=ch-'A'+'a';
  return ch;
}
main()
{
    int k=0;
    char s[]="ABC+abc=defDEF";
    for(k=0;k<strlen(s[]);k++)
    {
    s[k]=cchar(s[k]);
    }
    printf("%s\n",s);
}
```

A. abc+ABC=DEFdef　　　　B. abc+abc=defdef
C. abcaABCDEFdef　　　　D. abcabcdefdef

7.3.2 填空题

1. 在一个C源程序文件中，若要定义一个只允许在该源文件中所有函数使用的变量，则该变量需要的存储类别是【　　】。

2. 在C语言中，一个函数一般由两部分组成，分别是（　【1】　）和（　【2】　）。

3. 以下程序的功能是计算函数F(x,y,z)=(x+y)/(x-y)+(z+y)/(z-y)的值，请填空。

```
#include  <stdio.h>
#include <math.h>
float  f(float,float);
main( )
{ float  x,y,z,sum;
  scanf("%f%f%f",&x,&y,&z);
  sum=f(【1】) +f(【2】);
  printf("sum=%f\n", sum);
}
float  f(float a,float b)
{ float  value;
  value=a/b;
  return(value);
}
```

4. 凡是函数中未指定存储类别的局部变量，其隐含的存储类别为【　　】。

5. 以下程序的功能是用二分法求方程 $2x^3-4x^2+3x-6=0$ 的根，并要求绝对误差不超过0.001。请填空。

```
#include  <stdio.h>
float  f(float  x)
{return(2*x*x*x - 4*x*x+3*x - 6); }

main( )
{float  m=-100, n=90,r;
r=(m+n)/2;
while(f(r)*f(n)!=0)
    { if(【1】) m=r;
      else  n=r;
      if(【2】) break;
      r=(m+n)/2;
    }
printf("%6.3f\n", r);
}
```

6. 若输入一个整数10，以下程序的运行结果是【　　】。

```
main()
{int  a,e[10],c,i=0;
scanf("%d", &a);
while(a!=0)
    {c=sub(a);
     a=a/2;
     e[i]=c;
```

```
        i++;
    }
  for(; i>0; i--)printf("%d", e[i-1]);
  }
  sub(int  a)
     {int  c;
      c=a%2;
      return  c;
  }
```

7. 已有函数pow，现要求取消变量i后pow函数的功能不变。请填空。

修改前的pow函数：

```
pow(int  x, int  y)
{int  i, j=1;
 for(i=1; i<=y; ++i) j=j*x;
 return(j);
}
```

修改后的pow函数：

```
pow(int  x, int  y)
{int  j;
 for(【1】;【2】;【3】)j=j*x;
 return(j);
}
```

8. 以下程序的功能是求三个数的最小公倍数，请填空。

```
#include  <stdio.h>
max(int  x, int  y, int  z)
{if(x>y && x>z) return(x);
 else if(【1】)return(y);
 else  return(z);
}
main()
{int  x1, x2, x3, i=1, j, x0;
 printf("Input  3  number: ");
 scanf("%d%d%d", &x1, &x2, &x3);
 x0=max(x1, x2, x3);
 while(1)
    {j=x0*i;
    if(【2】)break;
    i=i+1;
 }
 printf("%d\n", j);
}
```

9. 函数fun的作用是求整数n1和n2的最大公约数，并返回该值。请填空。

```
fun (int  n1,int  n2)
{int  temp;
 if(n1【1】n2)
    {temp=n1; n1=n2; n2=temp; }
 temp=n1%n2;
 while(【2】)
    { n1=n2; n2=temp; temp=n1%n2; }
 return(n2);
}
```

10．函数f中的形参a为一个3×3的二维数组，以下程序段的运行结果为【　　】。

```
f(int  a[3][3])
{int  i,j,k,n=3;
 j=n/2+1;a[1][j]=1;i=1;
 for(k=2;k<=n*n;k++)
      {i=i-1;j=j+1;
      if(i<1 && j>n) {i=i+2;j=j-1;}
      else {if(i<1)i=n;
            if(j>n)j=1; }
      if(a[i][j]= =0) a[i][j]=k;
      else  {i=i+2; j=j-1; a[i][j]=k; }
      }
}
```

11．以下程序段的功能是用递归方法计算学生的年龄，已知第一位学生年龄最小，为10岁，其余学生一个比一个大2岁，求第5位学生的年龄。请填空。

递归公式如下：

$$age(n)=\begin{cases}10 & (n=1)\\ age(n-1)+2 & (n>1)\end{cases}$$

```
#include  <stdio.h>
age(int  n)
{int   c;
 if(n= =1)c=10;
 else  c=【1】;
 return(c);
}
main()
{int  n=5;
 printf("age:  %d\n",【2】);
}
```

12．下面程序的运行结果是【　　】。

```
main( )
```

```
{int  i=5;
 printf("%d\n", sub(i));
}
sub(int  n)
{int  a;
 if(n= =1)return  1;
 a=n+sub(n-1);
 return(a);
}
```

13. 函数嵌套调用与递归调用的区别是【　　】。

14. 下面程序的运行结果是【　　】。

```
f()
{
  int x=7;
  static y=4;
  x+=1;
  y+=1;
  printf("x=%d,y=%d\n",x,y);
}
main()
{
  f();
  f();
}
```

15. 下面程序的输出结果是【　　】。

```
main()
{
  int i=2,x=5,j=7;
  fun(j,6);
  printf("i=%d,j=%d,x=%d\n",i,j,x);
}
fun(int i,int j)
{
  int x=7;
  printf("i=%d,j=%d,x=%d\n",i,j,x);
}
```

16. 若已定义："int a[10], i;"，以下 fun 函数的功能是：在第一个循环中给前 10 个数组元素依次赋 1、2、3、4、5、6、7、8、9、10；在第二个循环中使 a 数组前 10 个元素中的值对称折叠，变成 1、2、3、4、5、5、4、3、2、1，请填空。

```
fun(int a[])
{
```

```
    int i;
    for(i=1;i<=10;i++)
    ____【1】____=i;
    for(i=0;i<5;i++)
    ____【2】____=a[i];
  }
```

17. 若函数 fun 的类型为 void，且有以下定义和调用语句：

```
  #define M 50
  main()
  {
    int a[M];
    fun(a);.
  }
```

定义 fun 函数首部可以用三种不同的形式，请至少填写两种：____【1】____、____【2】____、____【3】____注意：形参请用 s。

7.3.3 编程题

1. 已有函数调用语句“c=add(a，b);”，请编写 add 函数，计算两个实数 a 和 b 的和，并返回值。

```
double  add(double  x，double   y)
        {             }
```

2. 写一个判断素数的函数，在主函数中输入一个正整数，输出判断结果。

3. 写一个函数，对 10 个数按由小到大的顺序排序。在主函数中输入 10 个数，调用排序函数，输出排序结果。

4. 写一个函数，将二维数组（3×3）转置，即行列互换。

5. a 是一个 2×4 的整型数组，且各元素均已赋值。函数 max_value 可求出其中的最大元素值 max，并将此值返回主调函数。今有函数调用语句“max=max_value(a)”;，请编写 max_value 函数。

```
max_value(int  arr[ ][4])
    {       }
```

6. 编写一个找出任一个正整数的因子的函数。

7. 编写一个递归函数，求任意两个整数的最大公约数。

8. 编写程序，验证大于 5 的奇数可以表示成三个素数的和。

9. 用递归法求 n 阶勒让德多项式的值，递归公式为：

$$p(n, x)=\begin{cases} 1 & (n=0) \\ x & (n=1) \\ ((2n-1)x-p(n-1, x)-(n-1)\,p(n-2, x))/n & (n\geqslant 1) \end{cases}$$

10. 一个 n 位的正整数，其各位数的 n 次方之和等于这个数，称这个数为 Armstrong.

例如，$153=1^3+5^3+3^3$，$1634=1^4+6^4+3^4+4^4$，试编写程序，求所有的2、3、4位的Armstrong数。

11．编写一个将N进制数转换成十进制数的通用函数。

12．编写程序求下面数列的和，计算精确到$a_n \leqslant 10^{-5}$为止。

$$y=\frac{1}{2}+\frac{1}{2\times 4}+\frac{1}{2\times 4\times 6}+\cdots+\frac{1}{2\times 4\times 6\times\cdots\times 2n}+\cdots$$

式中，n=1，2，3，… 。

13．编写程序求下面级数的和，计算精确到第n项，要求该项的值小于等于10^{-5}为止。

$$s=x+\frac{x^2}{1\times 2}+\frac{x^3}{2\times 3}+\frac{x^5}{3\times 5}+\cdots+\frac{x^{f_n}}{f_{n-1}\times f_n}+\cdots \qquad 0<x<1$$

其中：

$$f_n=\begin{cases}1 & n=1\\ 1 & n=2\\ f_{n-1}+f_{n-2} & n>2\end{cases}$$

14．编写程序，从1~9这10个数中选出6个数围成一圈，使得相邻两个数之和都是质数。

15．求组合数C_m^n，其中$C_m^n=\dfrac{m!}{n!(m-n)!}$。

16．编写一个查找介于正整数A、B之间所有同构数的程序。若一个数出现在自己平方数的右端，则称此数为同构数。如5在$5^2=25$的右端，25在$25^2=625$的右端，故5和25都是同构数。

17．给出年、月、日，计算该日是该年的第几天。

第 8 章

指　针

8.1　知识要点

8.1.1　指针的概念

指针就是内存地址，在 C 语言中，指针是带类型的，所以指针就是内存中特定数据类型的首地址，这个首地址代表着一块特定的存储区域，例如，整型指针就代表着内存中能够存放整数的一块区域的首地址；实型指针就是指内存中存放实数的存储区的首地址；数组指针就是内存中存放数组的存储区的首地址；函数指针就是内存中存放函数代码区域的首地址。

通过 C 语言中的指针类型，用户就能够直接访问（读写）内存，对用户来说，增加了一种方法来访问内存单元。

指针变量就是用来存放指针数据的变量，指针变量专门用来存放某种类型变量的首地址（指针值），这种存放某种类型数据的首地址的变量被称为该种类型的指针变量。指针变量的一般定义形式如下：

```
类型说明符 *指针变量名
```

其中，类型说明符可以是任意的 C 语言类型；指针变量有两个运算符：&和*。&为取地址运算符。它的作用是取得变量占用的存储单元的首地址，在利用指针变量进行访问之前，一般都必须使用该运算符将某变量的地址赋给相应的指针变量。*为指针运算符，又称“间接访问”运算符，它的作用是通过指针变量来间接访问它所指向的变量。

8.1.2　变量的指针和指向变量的指针变量

变量的指针，就是变量的首地址；指向变量的指针变量，是用来存放变量地址的指针类型的变量。指针变量的类型是“指针类型”，这是不同于整型或者字符型等其他类型的。指针变量是专门用来存储地址的。

8.1.3　数组的指针和指向数组的指针变量

数组的指针是指数组的起始地址，而数组中某个元素的指针就是这个数组元素的地址。

指向数组的指针变量，其定义与指向变量的指针变量的定义相同，即指针变量内存放的是数组的首地址。

8.1.4 字符串的指针和指向字符串的指针变量

字符串的指针即字符串常量的首地址。指向字符串的指针变量，其变量的类型仍然是指针类型，它保存的是字符串的首地址，或者是字符数组的首地址。

8.1.5 函数的指针和指向函数的指针变量

函数的指针：指针变量不仅可以指向整型、实型变量、字符串、数组，还可以指向一个函数。每一个函数都占用一段内存，在编译时被分配一个入口地址，这个入口地址就是函数的指针。可以让一个指针变量指向函数，然后就可以通过调用这个指针变量来调用函数。

指向函数的指针变量的一般定义形式是：

类型说明符 （*指针变量名）()

这种指针变量中保存的是函数的入口地址，定义中的类型说明符说明的类型即为所指向的函数的返回值的类型。

8.1.6 结构体的指针和指向结构体的指针变量

结构体的指针是指结构体所占用的内存单元的起始地址。要想获得一个结构体的指针，必须使用取地址运算符“&”；指向结构体的指针变量是结构体所占据的内存段的起始地址。我们可以用一个指针变量来指向结构体变量，这时指针变量的值就是结构体的起始地址。

8.1.7 用指针作函数参数

函数指针可以作为参数传递到其他函数。可以把指针作为函数的形参。在函数调用语句中，也可以用指针表达式来作为实参。

返回指针值的指针函数是指函数除了可以返回整型、字符型、实型和结构体类型等数据外，还可以返回指针类型的数据。对于返回指针类型数据的函数，在函数定义时，也应该进行相应的返回值类型说明。

8.1.8 指针数组

一个数组，如果其元素均为指针类型的数据，则称该数组为指针数组。指向同一数据类型的指针组织在一起构成一个数组，这就是指针数组。数组中的每个元素都是指针变量，根据数组的定义，指针数组中每个元素都为指向同一数据类型的指针。指针数组的一般定义形式为：

类型说明符 *数组名[整型常量表达式]

8.1.9 指向指针的指针

指向指针的指针记录的是指针变量的首地址，指向指针的指针的一般定义形式为：

类型说明符 **指针变量名

8.1.10 字符串和指针

字符串常量是由双引号括起来的字符序列，例如"How do you do?"就是一个字符串常量。该字符串中的字符包括空格字符，由13个字符序列组成。在程序中如果出现字符串常量，C编译程序就给字符串常量安排一存储区域，这个区域是静态的，在整个程序运行的过程中始终占用，平时所讲的字符串常量的长度是指该字符串的字符个数，但在安排存储区域时，C编译程序还自动给该字符串序列的末尾加上一个空字符'\0'，用来标志字符串的结束，因此一个字符串常量所占的存储区域的字节数总比它的字符个数多一个字节。在C语言中，实现一个字符串的方法有两种：用字符数组实现和用字符指针实现，字符指针可以作函数参数，字符指针作函数参数的实质就是通过实参和形参共占一段内存来实现。这样一来，在被调函数中改变此段内存的内容，那么在主调函数中就可以得到改变了的数据。

将一个字符串从一个函数传递到另外一个函数，可以用地址传递的方法，即用字符数组名作参数或用指向字符串的指针变量作参数。

8.1.11 动态存储分配

C语言中，申请存储空间的方法有两类：动态存储类和静态存储类。

在函数的说明部分定义的变量属于“静态存储分配”，另外一种分配内存空间的方式是“动态存储分配”，在程序执行期间，可以动态地分配存储空间给申请者。在程序运行时，当需要空间来存放数据时，可以申请内存空间，而当空间使用完毕后可以将其释放。

C语言系统中动态申请和释放内存单元的库函数主要有四个：malloc()、calloc()、free()和realloc()。

malloc(size)函数在内存的动态存储区中分配一个长度为size的连续空间。如果分配成功就返回一个指针，这个指针指向分配区域的起始地址，类型为void；如果没有足够的内存单元用来分配，将返回空指针（NULL）。

calloc(n，size)函数分配n个数据项的内存连续空间，每个数据项的大小为size。如果分配成功，就返回一个指针，这个指针指向分配区域起始地址，类型为void；如果不成功就返回空指针。

free(p)函数释放指针变量p所指向的内存区，这个函数没有返回值。需要注意的是，这里的指针变量p必须指向由动态分配函数分配的地址。

realloc(p, size)函数将p所指出的已分配内存区的大小改为size。size可以比原来的分配空间大或小。这个函数的返回值是指向该内存区的指针。

8.2 例题分析与解答

8.2.1 选择题

1. 若有说明语句“int a,b,c,*d=&c;”，则能正确从键盘读入三个整数分别赋给变量a、b、c的语句是（　　）。

A. scanf("%d%d%d", &a, &b, d);　　　　B. scanf("%d%d%d", &a, &b, &d);

C．scanf("%d%d%d", a, b, d); D．scanf("%d%d%d", a, b, *d);

分析：根据 scanf()函数语法格式，scanf(格式说明，地址列表)；根据题意，要给变量 a、b、c 赋值，则分别需给出变量的地址列表，即&a、&b、&c；而题目的四个选项中，没有出现&c，根据变量定义中的*d=&c，说明变量 c 的首地址放在指针变量 d 中，所以正确的地址列表为&a、&b、d。

答案：A

2．若定义“int a=511，*b=&a；”，“则 printf("%d\n"，*b)；”的输出结果为（　　）。

A．无确定值　　B．a 的地址　　C．512　　D．511

分析：b 是指针变量，并且 b 中存放的是变量 a 的首地址，*b 表示指针变量 b 所指向的对象，其中*是指向运算，所以*b 即代表 a。

答案：D

3．以下程序的输出结果是（　　）。

```
char  cchar(char  ch)
{
  if(ch>='A'&&ch<='Z')
  ch=ch-'A'+'a';
  return  ch;
}
main()
{
  char   s[]="ABC+abc=defDEF",*p=s;
  while(*p)
   {
    *p=cchar(*p);
    p++;
   }
  printf("%s\n",s);
}
```

A．abc+ABC=DEFdef　　B．abc+abc=defdef

C．abcaABCDEFdef　　D．abcabcdefdef

分析：根据题目，可以看出，子函数 cchar()的功能是如果传入的字符是大写字母，则变为小写字母传出。主函数中，定义字符数组 s 并初始化字符串"ABC+abc=defDEF"，然后将字符串首地址赋值给指针变量 p 中，while 循环中遍历字符串 s，将字符串 s 中的每一个字符大写变小写。

答案：B

4．以下程序调用 findmax 函数返回数组中的最大值，在下划线处应填入的是（　　）。

```
findmax(int  *a, int  n)
{
  int   *p, *s;
  for(p=a, s=a; p-a<n; p++)
  if (____________)
```

```
    s=p;
    return(*s);
  }
  main()
  {
    int  x[5]={12,21,13,6,18};
    printf("%d\n",findmax(x,5));
  }
```

A. p>s　　B. *p>*s　　C. a[p]>a[s]　　D. p-a>p-s

分析：题目中已说明 findmax 函数返回数组中的最大值，函数中形参传入的是数组的首地址和数组元素的个数，指针变量 p、s 在函数中是工作指针，其中 p 是用作遍历数组，s 是用作记录较大元素的地址，能看出 if 语句的条件是比较数据的大小，选项 A 和 D 是比较指针大小，显然不符合题意，选项 C 指针用法错误，选项 B 正确，利用指针的指向运算，比较数据大小。

答案：B

5. 若指针 p 已正确定义，要使 p 指向两个连续的整型动态存储单元，不正确的语句是（　　）。

A. p=2*(int*)malloc(sizeof(int));　　B. p=(int*)malloc(2*sizeof(int));
C. p=(int*)malloc(2*2);　　D. p=(int*)calloc(2，sizeof(int));

分析：题意中“两个连续的整形动态存储单元”，是指申请到的动态存储单元地址连续，要想申请到两个地址连续的整形区域，必须一次性申请，选项 B、C、D 都可以申请到存放两个整数的连续的地址区域，选项 A 只能申请到一个存放整形数据的区域，所以选项 A 的做法不正确。

答案：A

6. 若有定义："int　aa[8];"，则以下表达式中不能代表数组元素 aa[1]的地址的是（　　）。

A. &aa[0]+1　　B. &aa[1]　　C. &aa[0]++　　D. aa+1

分析：选项 A 先取 aa[0]的地址，然后进行地址加 1，能表示 aa[1]的地址；选项 B 直接得出 aa[1]的地址；选项 D 将数组的首地址加 1，也能表示 aa[1]的地址；选项 C 错误，因为&aa[0]不是一个左值，不能被++。

答案：C

7. 以下程序的输出结果是（　　）。

```
#include<stdio.h>
#include<string.h>
main()
{ char b1[8]="abcdefg",b2[8],*pb=b1+3;
  while(--pb>=b1)
  strcpy(b2,pb);
  printf("%d\n",strlen(b2));
}
```

A. 8　　B. 3　　C. 1　　D. 7

分析：本题开始 pb 指向 b1 中的第四个字母 d，--pb 之后，pb 指向字母 c，strcpy(b2,pb) 的功能是将 pb 所指的位置直到\0 为止的字符串复制到 b2，while 循环多次之后，直到整个 b1 复制到 b2，所以最终 b2 的长度等于 b1 的长度。

答案：D

8．在说明语句"int *f()"；中，标志符 f 代表的是（　　）。

A．一个用于指向整型数据的指针变量

B．一个用于指向一维数组的行指针

C．一个用于指向函数的指针变量

D．一个返回值为指针型的函数名

分析：根据 C 语言函数定义的语法，f 出现在函数名的位置上，所以 f 首先表示函数名，而根据 f 之前的*号，得出 f 函数可以返回一个整形地址，所以，f 是一个返回值为指针的函数名。

答案：D

9．不合法的 main()函数命令行参数表示形式是（　　）。

A．main(int a，char *c[])　　　B．main(int arc，char **arv)

C．main(int argc，char *argv)　　　D．main(int argv，char *argc[])

分析：main()函数如果要给出参数的话，根据 C 语言系统的定义，main()函数可以有两个参数，第一个参数应该是一个整数，第二个参数应该是一个字符串数组，从题目给出的选项中看，第一个参数是整形，符合 C 语言的规定，考察选项中的第二个参数，选项 A 和 D 是字符指针数组，用法正确，选项 B 是指向指针的指针，也符合字符串数组的情况，选项 C 是指针，显然不符合题目要求。

答案：C

8.2.2 填空题

1．以下程序的输出结果是【　　】。

```
main()
{ char *p="abcdefgh",*r;
  long *q;
  q=(long*)p;
  q++;
  r=(char*)q;
  printf("%s\n",r);
}
```

分析：本题中，q=(long *)p 是将指针 p 强制转换为长整形，并且将首地址赋值给 q，因为长整形占用 4 个字节，作为长整形指针 q，q++是地址加，所以实际上是地址值加了 4 个字节的位置，即 q++之后，q 指向字符串中字母 e，再将 q 强制转换为字符指针之后赋值给 r，输出 r，即从字母 e 开始输出其后的字符串。

答案：efgh

2．mystrlen 函数的功能是计算 str 所指字符串的长度，并作为函数值返回，请填空。

```
int mystrlen(char *str)
{
  int i;
  for(i=0;      !='\0';i++);
  return(________);
}
```

分析：根据题意，要求计算形参*str 所传入的字符串的长度，并且返回字符串长度，程序中 for 循环应该是遍历统计 str 所指向的字符串的长度，填入*(str+i) 或 str[i] 用来遍历字符串，判断是否到字符串结尾，遍历结束后，i 变量的当前值表示字符串中的字符个数。

答案：*(str+i)str[i]　i

3．以下程序求 a 数组中的所有素数的和，函数 isprime 用来判断自变量是否为素数。素数是只能被 1 和本身整除且大于 1 的自然数。

```
#include<stdio.h>
main()
{
int i,a[10],*p=a,sum=0;
printf("Enter 10 num:\n");
for(i=0;i<10;i++)
scanf("%d",&a[i]);
for(i=0;i<10;i++)
if(isprime(*(p+____【1】____))==1)
{
printf("%d",*(a+i));
sum+=*(a+i);
}
printf("\nThe sum=%d\n",sum);
}
isprime(x)
int x;
{
int i;
for(i=2;i<=x/2;i++)
if(x%i==0)
return (0);
____【2】____;
}
```

分析：本题主函数中任意输入 10 个数，依次调用 isprime()函数判断是否是素数，然后计算素数的累加和。main()函数中，利用指针*(p+i)遍历数组，子函数 isprime(x)中，如果 x 被 i 整除，说明不是素数，返回 0，否则说明是素数，返回 1。

答案：i return 1 或 return (1)

4. 以下四个程序中，______不能对两个整型变量的值进行交换。

A.

```
#include<stdio.h>
main()
{
  int a=10,b=20;
  swap(&a,&b);
  printf("%d %d\n",a,b);
}
swap(p,q)
  int *p,*q;
  {
    int *t;
    t=(int*)malloc(sizeof(int));
    t=p;
    *p=*q;
    *q=*t;
  }
```

B.

```
#include<stdio.h>
main()
{
    int a=10,b=20;
    swap(&a,&b);
    printf("%d %d\n",a,b);
}
swap(p,q)
int p,q;
{
    int *t;
    t=*p;
    *p=*q;
    *q=t;
}
```

C.

```
#include<stdio.h>
main()
{
    int *a,*b;
    *a=10,*b=20;
    swap(a,b);
    printf("%d %d\n",*a,*b);
```

```
}
swap(p,q)
int *p,*q;
{
    int t;
    t=*p;
    *p=*q;
    *q=t;
}
```

D.

```
#include<stdio.h>
main()
{
    int a=10,b=20;
    int x=&a,y=&b;
    swap(x,y);
    printf("%d %d\n",a,b);
}
swap(p,q)
int *p,*q;
{
    int t;
    t=*p;*p=*q;*q=t;
 }
```

分析：选项 A 中，利用指针变量 t 临时申请了动态的存储单元，作为数据交换的中间存储单元，能实现交换的效果。选项 B 中，传入变量 a、b 的首地址，利用指针变量 t 作为数据交换的中间变量，即把指针变量，当做整形变量来临时使用，在题目中能达到数据交换的效果。选项 C 中，由于指针变量 a、b 没有经过初始化，所以指针变量 a、b 指向的是系统中的随机地址，试图给系统中的随机地址赋值 10、20 是违反操作系统的内存管理原则的，会引起系统的意外错误，按照内存管理规定，不能这样使用。选项 D 是标准的数据交换的做法。

答案：C

5. 下面的程序调用 getone 函数开辟一个动态存储单元，调用 assone 函数把数据输入此动态存储单元，调用 outone 函数输出此动态存储单元中的数据，请填空。

```
#include<stdio.h>
getone(s)
int **s;
{
    *s=(int *)malloc(sizeof(int));
}
assone(a)
```

```
int *a;
{
    scanf("%d", 【1】 );
}
outone(b)
int *b;
{
    printf("%d\n", 【2】 );
}
main( )
{
  int *p;
  getone(&p);
  assone(p);
  outone(p);
}
```

分析：本题主函数中，getone(&p)传入的是一个指针变量的地址，并且利用这个地址申请一个动态存储单元，即函数调用后，指针 p 存放的是动态申请到的存储单元。assone(p)传入的是申请到的动态存储单元的地址，所以第一处应填写 a。outone(p)传入的也是申请到的动态存储单元的地址，所以第二处应填写*b。

答案：a 或&*a　*b

8.3 测试题

8.3.1 选择题

1．若有定义“int x,*pb;”，则以下正确的赋值表达式是（　　）。

A．pb=&x　　B．pb=x　　C．*pb=&x　　D．*pb=*x

2．以下程序的输出结果是（　　）。

```
#include <stdio.h>
main()
{ printf("%d\n",NULL); }
```

A．因变量无定义输出不定值　　B．0

C．–1　　D．1

3．以下程序的输出结果是（　　）。

```
void sub(int x,int y,int *z)
{ *z=y-x; }
main()
{ int a,b,c;
  sub(10,5,&a); sub(7,a,&b); sub(a,b,&c);
  printf("%d,%d,%d\n",a,b,c);
}
```

A．5,2,3　　B．–5,–12,–7　　C．–5,–12,–17　　D．5,–2,–7

4．以下程序的输出结果是（　　）。

```
main()
{ int k=2,m=4,n=6;
  int *pb=&k,*pm=&m,*p;
  *(p=&n)=*pk*(*pm);
  printf("%d\n",n);
}
```

A．4　　B．6　　C．8　　D．10

5．以下程序的输出结果是（　　）。

```
void prtv(int *x)
{ printf("%d\n",++*x); }
main()
{  int a=25;
   prtv(&a);
}
```

A．23　　B．24　　C．25　　D．26

6．以下程序的输出结果是（　　）。

```
main()
{  int **k, *a b=100;
   a=&b; k=&a;
   printf("%d\n",**k);
}
```

A．运行出错　　B．100　　C．a 的地址　　D．b 的地址

7．以下程序的输出结果是（　　）。

```
void fun(float *a,float *b)
{   float w;
    *a=*a+*a;
    w=*a;
    *a=*b;
    *b=w;
}
main()
{   float x=2.0,y=3.0;
    float *px=&x,*py=&y;
    fun(px,py);
    printf("%2.0f,%2.0f\n",x,y);
}
```

A．4,3　　B．2,3　　C．3,4　　D．3,2

8. 以下程序的输出结果是（　　）。

```
void sub(float x,float *y,float *z)
{   *y=*y-1.0;
    *z=*z+x;
}
main()
{   float a=2.5,b=9.0,*pa,*pb;
    pa=&a,pb=&b;
    sub(b-a,pa,pa);
    printf("%f\n",a);
}
```

A. 9.000000　　B. 1.500000　　C. 8.000000　　D. 10.500000

9. 以下四个程序中不能对两个整型值进行交换的是（　　）。

A.
```
main()
{    int a=10,b=20;
     swap(&a,&b);
     printf("%d%d\n",a,b);
}
swap(int *p, int *q)
{    int *t,a;
     t=&a;
     *t=*p; *p=*q; *q=*t;
}
```

B.
```
main()
{ int a=10,b=20;
  swap(&a,&b);
  printf("%d%d\n",a,b);
}
swap(int *p, int *q)
{ int t;
  t=*p; *p=*q; *q=t;
}
```

C.
```
main()
{   int *a,*b;
    *a=10,*b=20;
    swap(a,b);
    printf("%d%d\n",*a,*b);
}
swap(int *p, int *q)
{   int t;
    t=*p; *p=*q; *q=t;
}
```

D. main()

```
{   int a=10,b=20;
    int *x=&a,*y=&b;
    swap(x,y);
    printf("%d%d\n",a,b);
}
swap(int *p, int *q)
{   int t;
    t=*p; *p=*q; *q=st;
}
```

10. 以下 count 函数的功能是统计 substr 在母串 str 中出现的次数，请将程序补充完整。

```
int count(char *str,char *substr)
{   int i,j,k,num=0;
    for(i=0;___【1】___;i++)
{for(___【2】___,k=0;substr[k]==str[j];k++,j++)
  if(substr[___【3】___]=='\0')
  {num++;break;}
  }
  return num;
}
```

【1】A. str[i]==substr[i]　　B. str[i]!='\0'
　　C. str[i]=='\0'　　D. str[i]>substr[i]
【2】A. j=i+1　　B. j=i　　C. j=i+10　　D. j=1
【3】A. k　　B. k++　　C. k+1　　D. ++k

11. 以下 Delblank 函数的功能是删除字符串 s 中的所有空格（包括 Tab、回车符和换行符），请将程序补充完整。

```
void Delblank(char *s)
{  int i,t;
   char c[80];
   for(i=0,t=0;___【1】___;i++)
   if(!isspace(___【2】___))c[t++]=s[i];
   c[t]='\0';
   strcpy(s,c);
}
```

【1】A. s[i]　　B. !s[i]　　C. s[i]='\0'　　D. s[i]=='\0'
【2】A. s+i　　B. *c[i]　　C. *(s+i)='\0'　　D. *(s+i)

12. 以下 conj 函数的功能是将两个字符串 s 和 t 连接起来，请将程序补充完整。

```
char *conj(char *s,char *t)
{   char *p=s;
while(*s) ___【1】___;
while(*t)
{   *s=___【2】___;s++;t++;}
    *s='\0';
    ___【3】___;
}
```

【1】A．s--　　B．s++　　C．s　　D．*s

【2】A．*t　　B．t　　C．t--　　D．*t++

【3】A．return s　　B．return t　　C．return p　　D．return p-t

13．下列程序的输出结果是（　　）。

```
#include <stdio.h>
fun(int *a,int *b)
{   int *w;*a=*a+*a;*w=*a; *a=*b; *b=*w;}
    main()
{int x=9,y=5,*px=&x,*py=&y;fun(px,py);printf("%d, %d\n",x,y);}
```

A．出错　　B．18, 5　　C．5, 9　　D．5, 18

14．若定义了以下函数：

```
void f(…)
{ …
  p= (double *)malloc(10*sizeof(double));
  …
}
```

p是该函数的形参，要求通过p把动态分配存储单元的地址传回主调函数，则形参p的正确定义应当是______。

A．double　*p　　B．float　**p　　C．double　**p　　D．float　*p

8.3.2　填空题

1．专门用来存放某种类型变量的首地址的变量被称为该种类型的___【1】___，它的类型是“___【2】___”。

2．数组的指针是指数组的___【1】___，而数组中某个元素的指针就是___【2】___。指针变量内存放的是数组的首地址，则它被称为___【3】___。

3．指向字符串的指针变量的类型仍然是___【1】___，它保存的是字符串的___【2】___，或者是___【3】___。

4．每一个函数都占用一段内存，在编译时被分配一个___【1】___，这个就是函数的指针。可以让一个指针变量指向函数，然后就可以通过调用这个指针变量来调用函数。

5．在带参数的main()函数中"main（参数1，参数2）"，参数1和参数2就是main()函数的形参。其中参数1是___【1】___，参数2是一个指向字符串的___【2】___。

6．如果要引用数组元素，可以有两种方法：___【1】___和___【2】___。

7. 在C语言中，实现一个字符串的方法有两种：用___【1】___实现和用___【2】___实现。

8. 以下程序用指针指向三个整型存储单元，输入三个整数，并保持这三个存储单元中的值不变，选出其中最小值并输出。

```
#include"stdio.h"
main()
{
  int ___【1】___
  a=(int *)malloc(sizeof(int));
  b=(int *)malloc(sizeof(int));
  c=(int *)malloc(sizeof(int));
  min=(int *)malloc(sizeof(int));
  printf("输入三个整数：");
  scanf("%d%d%d",___【2】___);
  printf("输出以上整数：%d%d%d\n",___【3】___);
  *min=*a;
  if(*a>*b)
  ___【4】___;
  if(___【5】___>*c)
  ___【6】___;
  printf("输出最小的整数：%d\n",___【7】___);
}
```

9. 阅读以下程序：

```
main()
{
   char str1[]="how do you do",str2[10];
   char *ip1=str1,*ip2=str2;
   scanf("%s",ip2);
   printf("%s",ip2);
   printf("%s\n",ip1);
}
```

运行上面的程序，输入字符串HOW DO YOU DO，则程序的输出结果是______。

10. 阅读下面的程序：

```
main()
{
 static char *name[]={"Follow me","Basic", "Fortran",
       "Great Wall","Computer design"};
 char **ip;
 int i;
 for(i=0;i<5;i++)
 {
   ___【1】___;
   printf("%s\n",*ip);
```

```
  }
}
```

要得到如下的运行结果：

```
Follow me
Basic
Fortran
Great Wall
Computer design
```

11．阅读并运行上面的程序，如果从键盘上输入字符串 qwerty 和字符串 abcd 则程序的输出结果是___【1】___。

```
#include"string.h"
#include"stdio.h"
strlen(char a[],char b[])
{
  int num=0,n=0;
  while(*(a+num)!='\0')
  num++;
  while(b[n])
  {
    *(a+num)=b[n];
    num++;
    n++;
  }
  return (num);
}
main()
{
  char str1[81],str2[81],*p1=str1,*p2=str2;
  gets(p1);
  gets(p2);
  printf("%d\n",strlen(p1,p2));
}
```

12．以下程序段的输出结果是___【1】___。

```
int *var,ab;
ab=100; var=&ab; ab=*var+10;
printf("%d\n",*var);
```

13．以下程序的输出结果是___【1】___。

```
int ast(int x,int y,int *cp,int *dp)
{  *cp=x+y;
   *dp=x-y;
}
main()
```

```
{   int a,b,c,d;
    a=4; b=3;
    ast(a,b,&c,&d);
    printf("%d %d\n",c,d);
  }
```

14．若有定义：char ch;

（1）使指针 p 可以指向变量 ch 的定义语句是 【1】 。

（2）使指针 p 可以指向变量 ch 的赋值语句是 【2】 。

（3）通过指针 p 给变量 ch 读入字符 scanf 函数调用语句是 【3】 。

（4）通过指针 p 给变量 ch 的赋字符的语句是 【4】 。

（5）通过指针 p 输出 ch 中字符的语句是 【5】 。

15．若有 5 个连续的 int 类型的存储单元并赋值，且 p 和 s 的基类型皆为 int,p 已指向存储单元 a[1]。则

（1）通过指针 p，给 s 赋值，使其指向最后一个存储单元 a[4]的语句是 【1】 。

（2）用以移动指针 s，使之指向中间的存储单元 a[2]的表达式是 【2】 。

（3）已知 k=2，指针 s 已指向存储单元 a[2]，表达式*(s+k)的值是 【3】 。

（4）指针 s 已指向存储单元 a[2]，不移动指针 s，通过 s 引用存储单元 a[3]的表达式是 【4】 。

（5）指针 s 已指向存储单元 a[2]，p 指向存储单元 a[0]，表达式 s-p 的值是 【5】 。

（6）若 p 指向存储单元 a[0]，则以下语句的输出结果是 【6】 。

```
for(i=0; i<5;i++) printf("%d ",*(p+i));
printf("\n");
```

8.3.3 编程题

1．编写程序完成如下功能：输入 10 个整型数据，按照由大到小的顺序输出。

2．输入三个整数，要求用指针变量作为函数的参数编写程序完成按照由小到大排序的功能。

3．要求用选择法对 10 个整型数据排序。使用数组和指针数组两种方法分别实现。

4．有三个学生，每个学生学习四门课，计算他们总的平均成绩以及第 n 个学生的成绩。要求用函数 ave 求总的平均成绩，用函数 search 找出并输出第 n 个学生的成绩。在编程时要使用多维数组指针作函数的参数。

5．用指针函数实现下面的程序：如果每个学生有四门课，现有若干个学生的成绩，要求在用户输入学生序号以后能输出该学生的全部成绩。

6．在上例的基础上，找出其中有不及格课程的学生及其学号。

7．用指向指针的指针的方法对 5 个字符串排序并输出。

8．要求用本章所讲的知识设计两个函数，实现下述功能：

（1）将一个字符串中的字母全部变成大写，函数形式为：strlwr（字符串）。

（2）将一个符串中的字母全部变成小写，函数形式为：strupr（字符串）。

（3）将字符数组 a 中下标为单数的元素值赋给另外一个字符数组 b，然后输出 a 和 b 的内容。

第 9 章

结构体与共用体

9.1 知识要点

9.1.1 结构体的概念

结构体和数组都是属于构造（复合）数据类型，都由多个数据项（也称为元素）复合而成，区别是数组由相同数据类型的数据项组成，结构体由不同数据类型的多个数据项组合而成。

定义一个结构体类型的一般形式为：

```
struct 结构体名{成员列表};
```

9.1.2 结构体类型数据的定义方法

结构体中数据具有不同的数据类型。例如，在学生登记表中，姓名为字符型；学号为整型或字符型；年龄为整型；性别为字符型；成绩为整型或实型。这种情况不能用数组来存数据。因为数组中各元素的类型和长度都是一样的。

对于不同类型数据的组织，C 语言系统定义了另一种构造数据类型："结构体"。它相当于其他高级语言中的"记录"。"结构体"是一种构造类型，它是由若干"成员"组成的，每一个成员可以是一个基本数据类型或者又是一个构造类型。结构体是一种"构造"而成的数据类型，在使用之前必须先定义它。

结构体的定义形式，如下：

```
struct 结构体名
{
类型标识符  成员名;
类型标识符  成员名;
...
} 结构变量;
```

例如：

```
struct student
```

```
{
  int num;
  char name[20];
  char sex;
  float score;
};
```

在上面的定义中，struct 是关键字。struct student 表示这是一个“结构体类型”。在这个结构体定义中，结构体名是 student。该结构体由 4 个成员组成。第一个成员是 num，整型变量；第二个成员是 name，字符数组；第三个成员是 sex，字符变量；第四个成员是 score，实型变量。

C 语言系统中除了允许具有相同类型的结构体变量相互赋值以外，一般对结构体变量的使用，包括赋值、存取、运算等都是通过结构体变量的成员来实现的。对结构体变量成员的一般引用形式是：

结构体变量名.成员名

例如：

```
stu1.num     /*即第一个变量的学号*/
stu2.sex     /*即第二个变量的性别*/
```

9.1.3 共用体

共用体又称为“联合体”。“共用体”类型的结构是使几个不同的变量共占同一段内存的结构。“共用体”类型变量的定义形式为：

```
union 共用体名
{成员表列
}变量表列;
```

9.2 例题分析与解答

1．若有下面的说明和定义：

```
struct test
{
  int  ml;
  char  m2;
  float  m3;
  union uu
  {
  char ul[5];
  int  u2[2];
  }ua;
}myaa;
```

则 sizeof(struct test)的值是（　　）。

A．12　　B．16　　C．14　　D．9

分析：本题是计算结构体变量的大小。结构体变量的大小是各个成员变量大小之和，其中成员变量ua是共用体类型，对于共用体来说，所占内存空间的大小等于此共用体中最大的成员长度，所以成员变量ua的大小为5。由于m1大小为2，m2大小为1，m3大小为4，所以总共是12。

答案：A

2．设有以下说明语句：

```
typedef  struct
{
int  n;
char  ch[8];
}PER;
```

则下面叙述中正确的是（　　）。

A．PER是结构体变量名　　B．PER是结构体类型名

C．typedef　struct 是结构体类型　　D．struct是结构体类型名

分析：根据C语言规定，typedef可以用来声明类型名，但不能用来定义变量，显然题目中的PER不可能是变量名，只能是结构体类型名。

答案：B

3．以下定义的结构体类型拟包含两个成员，其中成员变量info用来存入整型数据；成员变量link是指向自身结构体的指针，请将定义补充完整。

```
struct  node
{
int  info;
  【1】  link;
};
```

分析：本题中的结构体类型定义，涉及递归定义，只有链表中的结点才会这样定义，即链表结点的结构体定义中，有一个指向自身类型的指针类型分量。

答案：struct node *

4．以下各选项企图说明一种新的类型名，其中正确的是（　　）。

A．typedef v1 int;　B．typedef v2=int;　C．typedef int v3;　D．typedef v4: int;

分析：本题涉及typedef类型定义，C语言typedef的语法格式是：typedef 原类型名 新类型名，所以只有选项C符合C语言的语法规定。

答案：C

9.3　测试题

填空题

1．结构体又称为“　【1】　”，是由具有不同数据类型的多个变量组合而成的数据存储形式。定义一个结构体类型的一般形式为：

```
struct 结构体名{成员列表};
```

其中的成员又可以称为“ 【2】 ”，成员表列可以称为“ 【3】 ”。

2．如果需要将几种不同类型的变量存放到同一段内存单元中，可以使用 【1】 类型数据。如果一个变量只有几种可能的值，则可以定义 【2】 类型数据结构。

3．以下程序用来输出结构体变量 ex 所占存储单元的字节数，请填空。

```
struct st
{ char name[20];
  double score;};
main()
{ struct st ex;
  printf("ex size: %d\n",sizeof( 【1】 ));
}
```

4．若有下面的定义：

```
struct
{int x;int y;}s[2]={{1,2},{3,4}},*p=s;
```

则表达式 ++p->x 的值为 【1】 ；表达式(++p)->x 的值为 【2】 。

5．已知 head 指向一个带头结点的单向链表，链表中每个结点包含数据域（data）和指针域（next），数据域为整型。下面的 sum 函数是求出链表中所有结点数据域值的和，作为函数值返回。请填空完善程序。

```
struct link
{   int data;   struct link *next;}
main()
{   struct link *head;    int s;
⋮
    s=sum(head);
⋮
}
int sum( struct link *head )
{   struct link *p; int s=0;    p=head->next;
    while(p)
    {   s+= 【1】 ;             p= 【2】 ;  }
    return(s);
}
```

6．设有共用体类型和共用体变量定义如下：

```
union Utype
{   char ch;  int n;  long m;   float x;  double y; };
union Utype un;
```

并假定 un 的地址为 ffca，则 un.n 的地址是 【1】 ，un.y 的地址是 【2】 。执行赋值语句“un.n=321;”后，再执行语句“printf("%c\n",un.ch);”，其输出值是 【3】 。

第10章

编译预处理和位运算

10.1 知识要点

10.1.1 编译预处理

编译预处理是在C语言系统进行编译的第一遍扫描（词法扫描和语法分析）之前所做的工作。编译预处理是C语言特有的一个重要功能，它由预处理程序负责完成。当对一个源文件进行编译时，系统将自动引用预处理程序对源程序中的预处理部分作处理，处理完毕自动进入对源程序的编译。C提供三种预处理功能：宏定义、文件包含和条件编译。合理地使用预处理功能编写的程序便于阅读、修改、移植和调试，也有利于模块化程序设计。

10.1.2 宏定义

宏定义是编译预处理方式中的一种。在C语言源程序中允许用一个标识符来表示一个字符串，称为“宏”。被定义为“宏”的标识符称为“宏名”。在编译预处理时，对程序中所有出现的“宏名”，都用宏定义中的字符串去代换，这称为“宏代换”或“宏展开”。

宏定义是由源程序中的宏定义命令完成的。宏代换是由预处理程序自动完成的。不带参数的宏定义是用一个指定的标志符来代表一个字符串，其定义的一般形式为：

```
#define  标识符  字符串
```

其中，“#”表示这是一条预处理命令，凡是以“#”开头的均为预处理命令；“define”为宏定义命令；“标识符”为所定义的宏名；“字符串”可以是常数、表达式、格式串等。使用这种宏定义就可以在下面的程序中用标识符代替字符串。这样就使得程序代码变得简洁而且易读。从而减小了编写程序的工作量，也增加了程序的可读性。

带参数的宏定义需要进行参数替换。它的一般定义形式为：

```
#define  宏名(形参表)  字符串
```

其中，#define的意义同不带参数的宏定义。

10.1.3 文件包含

“文件包含”处理（又称“文件包括”）是指一个源文件可以将另外一个指定的源文件

的全部内容包含进来，即将另外的文件包含到本文件之中。C 语言用#include 命令来实现“文件包含”的操作。其一般的形式为：

```
#include  "文件名"
```

文件包含命令的功能是把指定的文件插入该命令行位置取代该命令行，从而把指定的文件和当前的源程序文件连成一个源文件。

文件包含可以将一个大的程序分为多个模块，由多个程序员分别编程。这样就可以节省程序设计人员的重复劳动。有些公用的符号常量或宏定义等可单独写成一个文件，在其他文件的开头用包含命令包含该文件即可使用。这样，可避免在每个文件开头都去书写那些公用量，从而节省时间，减少出错。

10.1.4 位运算

位运算是指进行二进制位的运算。也就是说，位运算是以“位”为单位进行的运算，即程序是在“位（bit）”一级进行运算和处理。

C 语言提供了 6 种位运算符，如下：

```
&       按位与
|       按位或
∧       按位异或
~       取反
<<      左移
>>      右移
```

位运算符中除了“～”以外，其余均为二目运算符，即要求运算符的两侧各有一个运算量，并且运算量只能是整型或者字符型的数据，不能是实型数据。

“按位与”运算符“&”的逻辑关系与数理逻辑中的“与”运算非常类似，如果参加运算的两个运算量的两个相应的位都为“1”，那么该位的结果值为“1”；如果两个运算量的两个相应位有一个为“0”或者两个均为“0”，那么该位的运算结果为“0”。

“按位或”运算符“¦”的逻辑关系类同数理逻辑中的“或”运算。两个相应位中有一个为“1”或者两个均为“1”，则运算后的结果是“1”；如果两个均为“0”，那么结果值为“0”。

“按位异或”运算符“∧”也被称为“XOR”运算符。它的意思是：判断两个相应的位值是否为“异”，如果为“异”结果就为“真”，否则为“假”。同数理逻辑中的“异或”运算类似，当参加运算的两个相应位同号的话，即两个位同为“0”或同为“1”，那么运算的结果值为“0”；如果两个相应位异号的话，即一个为“0”一个为“1”，那么运算值为“1”。

“取反”运算符“~”是六个位运算符中惟一的一个单目运算符，其性质是对一个二进制数按位取反，也就是说，将 0 变为 1，将 1 变为 0。

“左移”运算符“<<”的作用是将一个数的各二进制位全部左移若干位。左移的位数是由“<<”右边的数指定的。左移后溢出的高位丢弃，不足的低位补 0。

“右移”运算符“>>”是“左移”运算的“反运算”，但也与“左移”运算有一定区别。在做“右移”运算时需要注意符号位的问题。对于无符号数，右移时左边高位移入 0。对于有符号数，情况却复杂得多。如果原来的符号位是0，则左边高位移入0，这是同无符号数右移相同的；如果原来的符号位是1，则左边高位的移入情况却是不确定的，需要视计算机系统而定。有的系统移入的是0，而有的系统移入的则是1。移入0的称为“逻辑右移”，即简单右移；移入1的则称为“算术右移”。

10.2 例题分析与解答

1．设有如下宏定义：

```
#define  MYSWAP(z,x,y)  {z=x; x=y; y=z;}
```

以下程序段通过宏调用实现变量a、b内容交换，请填空。

```
float  a=5,b=16,c;
MYSWAP(______,a,b);
```

分析： 本题涉及带参数的宏定义，从宏定义#define MYSWAP(z,x,y) {z=x; x=y; y=z;}中，即可看出，利用z作为中间变量，交换x、y的值，结合题目，填入c，即利用c作为中间变量交换变量a、b的内容。

答案： C

2．以下程序的输出结果是（　　）。

```
#define M(x,y,z) x*y+z
main()
{
    int a=1,b=2, c=3;
    printf("%d\n", M(a+b,b+c, c+a));
}
```

A．19　　B．17　　C．15　　D．12

分析： 本题涉及带参数的宏定义，表达式M(a+b,b+c, c+a)带有三个参数，编译预处理后，变为a+b*b+c+c+a，带入变量当前值后，表达式为1+2*2+3+3+1。

答案： D

3．以下程序的输出结果是______。

```
#define MAX(x,y)  (x)>(y)?(x):(y)
main()
{   int a=5,b=2,c=3,d=3,t;
    t=MAX(a+b,c+d)*10;
    printf("%d\n",t);
}
```

分析： 本题涉及带参数的宏定义，表达式t=MAX(a+b,c+d)*10经过编译预处理后，替换为t=(a+b)>(c+d)?(a+b):(c+d)，即t=(5+2)>(3+3)?(5+2):(3+3)。

答案： 7

4. 以下程序的输出结果是（　　）。

```
#define SQR(X) X*X
main()
{ int a=16, k=2, m=1;
  a=(k+a)/SQR(k+m);
  printf("%d\n",a);
}
```

A. 16　　B. 12　　C. 9　　D. 1

分析：本题涉及带参数的宏定义，表达式 SQR（k+m）预处理后，替换为 k+m*k+m，题目中最后实际计算的是 a=(k+a)/ k+m*k+m，即 a=(2+16)/2+1*2+1。

答案：B

5. 有如下程序：

```
#define N 2
#define M N+1
#define NUM 2*M+1
main()
{   int i;
    for(i=1;i<=NUM;i++)
    printf("%d\n",i);
}
```

该程序中的 for 循环执行的次数是（　　）。

A. 5　　B. 6　　C. 7　　D. 8

分析：本题涉及多重宏定义嵌套，题目中 MUN 经过编译预处理后，替换为 2*M+1，进一步替换为 2*N+1+1，再进一步替换为 2*2+1+1。

答案：B

6. 以下程序的输出结果是（　　）。

```
#define f(x) x*x
main( )
{  int a=6, b=2, c;
   c=f(a)/f(b);
   printf("%d \n", c);
}
```

A. 9　　B. 6　　C. 36　　D. 18

分析：本题涉及带参数的宏定义，程序中表达式 c=f(a)/f(b)经过预处理后，替换为 a*a/b*b，题目中实际计算的表达式是 6*6/2*2。

答案：C

7. 下面程序的输出结果是______。

```
#include
#define PT 5.5
```

```
#difine s(x) PT*x*x
main()
{   int a=1,b=2;
   printf ("%4.1f\n",s(a+b));
   }
```

分析：本题涉及编译预处理，s(a+b)代换为 PT*a+b*a+b，进一步代换为 5.5*a+b*a+b，所以实际输出时计算的表达式是 5.5*1+2*1+2。

答案：9.5

8．以下程序的输出结果是（　　）。

```
main()
{  char  x=040;
   printf("%0\n",x<<1);
}
```

A．100　　B．80　　C．64　　D．32

分析：题目中将八进制数 040 左移 1 位后按八进制输出，040 的二进制是 00100000，左移 1 位后，变为 01000000，转换成八进制是 0100。

答案：A

9．整型变量 x 和 y 的值相等，且为非 0 值，则以下选项中，结果为 0 的表达式是（　　）。

A．x||y　　B．x|y　　C．x&y　　D．x^y

分析：选项 A 中，两个非 0 值表示两个逻辑真，进行或运算，结果仍然是逻辑真，在 C 语言里就是 1。选项 B 中，两个相等的数进行按位或运算，其值不变。选项 C 中，两个相等的数进行按位与运算，其值也不变。选项 D 中，两个相同的数进行按位的异或运算，因为按位都相等，所以计算结果为 0。

答案：D

10．下面的语句：

```
printf("%d\n",12&012);
```

的输出结果是（　　）。

A．12　　B．8　　C．6　　D．012

分析：本题涉及按位运算，表达式 12&012 中，12 是十进制数，其二进制是 00001100，012 是八进制数，其二进制是 00001010，两数按位进行与运算，计算结果为 00001000。

答案：B

11．假设：

```
int b=2;
```

则表达式(b>>2)/(b>>1)的值是（　　）。

A．0　　B．2　　C．4　　D．8

分析：题目中变量 b 赋初值 2，即 00000010，表达式 b>>2 表示右移 2 位，变为 00000000，表达式 b>>1 表示右移一位，变成 00000001，最后计算结果为 0。

答案：A

10.3　测试题

10.3.1　选择题

1．以下程序的输出结果是（　　）。

```
#define MIN(x,y)  (x)<(y)?(x):(y)
main()
{ int i,j,k;
    i=10; j=15; k=10*MIN(i,j);
    printf("%d\n",k);
}
```

A．15　　B．100　　C．10　　D．150

2．以下程序中的 for 循环执行的次数是（　　）。

```
#define N 2
#define M N+1
#define NUM (M+1)*M/2
main()
{   int i;
    for(i=1; i<=NUM; i++);
}
```

A．5　　B．6　　C．8　　D．9

3．以下程序的输出结果是（　　）。

```
#include "stdio.h"
#define FUDGF(y) 2.84+y
#define PR(a) printf("%d",(int)(a))
#define PRINT1(a) PR(a); putchar(\'\n\')
main()
{   int x=2;
    PRINT1(FUDGF(5)*x);
}
```

A．11　　B．12　　C．13　　D．15

4．以下程序的输出结果是（　　）。

```
fut(int **s,int p[2][3])
{ **s=p[1][1]; }
main()
{   int a[2][3]={1,3,5,7,9,11},*p;
    p=(int *) malloc(sizeof(int));
```

```
    fut(&p,a);
    printf("%d\n",*p);
}
```

A. 1　　B. 7　　C. 9　　D. 11

5. 若要使指针变量 p 指向一个 double 类型的动态存储单元，在下划线处应填入（　　）。

```
double *p;
p=_____malloc(sizeof(double));
```

A. double　　B. double *　　C. (* double)　　D. (double *)

6. 以下程序的输出结果是（　　）。

```
void fun(float *p1,float *p2,float *s)
{   s=(float *)calloc(1,sizeof(float));
    *s=*p1+*p2++;
}
main()
{   float a[2]={1.1,2.2},b[2]={10.0,20.0},*s=a;
    fun(a,b,s);
    printf("%5.2f\n",*s);
}
```

A. 11.10　　B. 12.00　　C. 21.10　　D. 1.10

7. 以下叙述中正确的是（　　）。

A. 用#include 包含的头文件的后缀不可以是“.a”

B. 若一些源程序中包含某个头文件，当该头文件有错时，只需对该头文件进行修改，包含此头文件所有源程序不必重新进行编译

C. 宏命令行可以看做是一行 C 语句

D. C 编译中的预处理是在编译之前进行的

8. 以下程序的输出结果是（　　）。

```
main()
{   char x=040;
    printf("%d\n",x=x<<1);
}
```

A. 100　　B. 160　　C. 120　　D. 64

9. 以下程序中 c 的二进制值是（　　）。

```
char a=3, b=6, c;
c=a^b<<2;
```

A. 00011011　　B. 00010100　　C. 00011100　　D. 00011000

10. 以下程序的输出结果是（　　）。

```
main()
{   int x=35; char z='A';
   printf("%d\n",(x&15)&&(z<'a'));
}
```

A. 0　　B. 1　　C. 2　　D. 3

11. 以下程序的输出结果是（　　）。

```
main()
{   int a=5,b=6,c=7,d=8,m=2,n=2;
   printf("%d\n",(m=a>b)&(n=c>d));
}
```

A. 0　　B. 1　　C. 2　　D. 3

10.3.2 填空题

1. C语言提供了三种预处理语句，它们是__【1】__、__【2】__和条件编译。

2. 下面程序中for循环的执行次数是__【1】__，输出结果为__【2】__。

```
#include"stdio.h"
#define N 2
#define M N+1
#define NUM (M+1)*M/2
void main()
{   int i;
    for(i=1;i<=NUM;i++);
    printf("%d\n",i);
}
```

3. 下面程序的输出是__【1】__。

```
#define PR(ar) printf("%d", ar)
main()
{ int j, a[]={ 1,3,5,7,9,11,13,15},*p=a+5;
  for(j=3; j; j--)
  { switch(j)
    {case 1:
      case 2: PR(*p++); break;
      case 3: PR(*(--p));
    }
  }
}
```

4. 以下程序的输出结果是__【1】__。

```
#define PR(ar) printf("ar=%d ",ar)
main()
{ int j,a[]={1,3,5,7,9,11,13,15},*p=a+5;
  for(j=3; j; j--)
```

```
  switch(j)
  { case 1:
    case 2:PR(*p++); break;
    case 3:PR(*(--p));
  }
}
```

5. 下面程序调用 getone 函数开辟一个动态存储单元，调用 assone 函数把数据输入此动态存储单元，调用 outone 函数输出此动态存储单元中的数据。请填空。

```
#include "stdio.h"
getone(int **s)
{ *s=( 【1】 )malloc(sizeof(int)); }
  assone(int *s)
{ scanf("%d", 【2】 ); }
  outone (int *b)
{ printf("%d\n", 【3】 ); }
  main()
{ int *p;
  getone(&p); assone(p); outone(p);
}
```

6. 在位运算符中除了取反运算符“～”以外，其余均为__【1】__运算符，即要求运算符的两侧各有一个运算量，并且运算量只能是__【2】__或者__【3】__数据。

7. 位段就是以位为单位定义长度的__【1】__类型中的成员，就是把一个字节中的二进制位划分为几个不同的区域，并说明每个区域的__【2】__。

8. 设变量 a 的二进制数是 00101101，若想通过运算 a^b 使 a 的高 4 位取反，低 4 位不变，则 b 的二进制数应是__【1】__。

9. a 为任意整数，能将变量 a 清零的表达式是__【1】__。

10. a 为任意整数，能将变量 a 中的各二进制位均置成 1 的表达式是__【1】__。

11. 能将两字节变量 x 的高 8 位置全 1，低字节保持不变的表达式是__【1】__。

12. 运用位运算，能将八进制数 012500 除以 4，然后赋给变量 a 的表达式是__【1】__。

13. 运用位运算，能将变量 ch 中的大写字母转换成小写字母的表达式是__【1】__。

14. 下列程序的输出结果是__【1】__。

```
#define N 10
#define s(x) x*x
#define f(x) (x*x)
main()
{ int i1,i2;i1=1000/s(N);i2=1000/f(N);printf("%d  %d\n",i1,i2);}
```

15. 设有如下宏定义：

```
#define MYSWAP(z,x,y) {z=x;x=y;y=z;}
```

以下程序段通过宏调用实现变量 a、b 内容交换,请填空。

```
float a=5,b=16,c;MYSWAP(  【1】  ,a,b);
```

16. 下列程序的输出结果是____【1】____。

```
#define NX 2+3
#define NY NX*NX
main()
{  int i=0,m=0;   for(;i<NY;i++)m++;   printf("%d\n",m);}
```

17. 下列程序的输出结果是____【1】____。

```
#define MAX(x,y)  (x)>(y)?(x):(y)
main()
{ int a=5,b=2,c=3,d=3,t;   t=MAX(a+b,c+d)*10;   printf("%d\n",t);}
```

18. 下列程序的输出结果是____【1】____。

```
#define MAX(a,b) a>b
#define EQU(a,b) a==b
#define MIN(a,b) a<b
main()
{  int a=5,b=6; if(MAX(a,b)) printf("MAX\n"); if(EQU(a,b)) printf("EQU\n");
   if(MIN(a,b)) printf("MIN\n");}
```

19. 下列程序的输出结果是____【1】____。

```
#define TEST
main()
{  int x=0,y=1,z;   z=2*x+y;
   #ifdef TEST
   printf("%d %d ",x,y);
   #endif
   printf("%d\n",z);
}
```

10.3.3 编程题

1. 输入两个整数，并利用带参数的宏定义，求其相除的商。

2. 利用带参数的宏定义，实现功能：求给定一个数的绝对值。

3. 文件包含和程序文件的连接有什么不同?

4. 从键盘输入三个整数，利用宏定义求出其中的最小值。

5. 编写一程序，从键盘输入三角形的三条边的长度，利用带参数的宏定义，求三角形的面积。

6. 编写一个程序，完成下面的功能：截取一个整数 a 从右端开始的 4~7 位，并将其保存到整型变量 b 中。

7. 设计一个函数实现如下功能：从键盘上输入任意一个两个字节长的整数，输出这个数的原码和补码。

第 11 章

指针的高级应用

11.1 知识要点

11.1.1 结构体与指针

整型、字符型、数组和函数都有各自的指针，结构体也有其自己的指针。结构体变量的指针就是该变量所占据的内存段的起始地址。这样就可以像定义指向其他类型数据的指针变量一样来定义指向结构体变量的指针变量。结构体指针变量的值就是该结构体变量的起始地址。指针变量可以指向单个的结构体变量，当然也可以指向结构体数组中的元素。定义结构体指针变量的一般形式是：

```
struct 结构体名 *结构体指针变量名
```

例如，在前面已经定义了结构体 student，下面就可以定义结构体指针变量了：

```
struct student *ipstu;
```

在使用这个指针变量之前需要对其先进行赋值。赋值就是把结构体变量的起始地址赋予该指针变量，但不能把结构体名赋予该指针变量。这是因为结构体名和结构体变量名是两个不同的概念。结构体名表示的是一种固定的结构体形式，在编译时系统并不给它分配存储空间。当某一变量被声明为这种结构体类型时，编译系统就为该变量分配相应的存储空间。这样就不可能得到一个结构体的起始地址，而只能得到结构体变量的起始地址。例如，前面已经说明 stu1 是一结构体变量，所以可以将它的值保存到结构体指针变量 ipstu 中，定义了结构体指针变量以后，就可以通过该变量来访问结构体变量。访问的一般形式如下：

```
(*结构体指针变量名).成员名
```

在 C 语言中，为使用方便和直观起见，用下面这种形式代替上述的访问形式：

```
结构体指针变量名->成员名
```

其中，“->”称为指向运算符，这样就得到了三种等价的形式：

```
结构体变量名.成员名;
(*ipstu).成员名;
```

```
ipstu->成员名;
```

11.1.2 指向结构体数组的指针

对于结构体数组及其元素，可以用指针或者指针变量来指向。即，结构体指针变量可以指向一个结构体数组，这时结构体指针变量的值是整个结构体数组的起始地址。

指针变量也可以指向结构体数组的一个元素，这时结构体指针变量的值是该结构体数组元素的起始地址。C 语言系统，可以有三种方法将一个结构体变量的值传递到另一个函数，用结构体变量的成员作参数，将实参值传给形参，属于“值传递”方式；用指向结构体变量的指针作实参，将结构体变量或者数组的起始地址传递给函数的形参；用整个结构体作为函数的参数传递，但这种方法要求必须保证实参和形参的类型相同。

11.1.3 链表的概念

链表是线性表中的一种。而线性表是最简单、最常用的一种数据结构。线性表的逻辑结构是 n 个数据元素的有限序列。其中，用顺序存储结构存储的线性表称为顺序表；用链式存储结构存储的线性表称为链表；对线性表的插入、删除运算可以发生的位置加以限制则是两种特殊的线性表——栈和队列。

C 语言里的一维数组就是用顺序方式存储的线性表，而链表是与顺序表并列的另外一种数据结构。如前面的定义中所说，链表中的每一个元素称为一个“结点”，除头指针外，每个结点中含有一个指针域和一个数据域。数据域用来存储用户需要用的实际数据，指针域用来存储下一个结点的地址，用来指出其后续结点的位置。而其最后一个结点没有后续结点，它的指针域为空（空地址 NULL）。另外还需要设置一个“头指针”head，指向链表的第一个结点。

链表中各元素在内存中可以不是连续存放的，如果要找某一元素就必须先找到上一个元素，根据它提供的下一个元素地址才能找到下一个元素。如果没有头指针，那么整个链表就都不能访问，为实现链表的这种结构，就必须用到指针变量，这是因为一个结点中必须包含一个指针变量，这个指针变量存放的是下一个结点的地址。

11.1.4 链表的建立

使用链表的一个很重要的优点就是插入、删除运算灵活方便，不需要移动结点，只要改变结点中指针域的值即可，链表中的每一个结点都是同一种结构类型。例如，一个存放学生学号和成绩的结点应为以下结构：

```
struct student
{
  int num;
  int score;
  struct student *next;
};
```

前两个成员项 num 和 score 组成数据域，后一个成员项 next 构成指针域，它是一个指向 student 类型结构体的指针变量。

11.1.5 链表的查找与输出

如果问题是将链表中各个结点的数据依次输出，这就比较容易处理。首先，需要知道链表的头结点的地址，也就是head的值。然后可以设一指针变量p指向第一个结点，输出该结点后使p移向下一个结点，再输出下一个结点，直到链表的尾结点。

11.2 例题分析与解答

1. 以下程序的输出结果是（　　）。

```
struct HAR
{
  int x,y;
  struct HAR *p;
}h[2];
main()
{
  h[0].x=1;
  h[0].y=2;
  h[1].x=3;
  h[1].y=4;
  h[0].p=&h[1];h[1].p=h;
  printf("%d %d \n",(h[0].p)->x,(h[1].p)->y);
}
```

A. 1　2　　　　B. 2　3　　　　C. 1　4　　　　D. 3　2

分析： 本题定义了一个结构体数组h，h的两个元素都是结构体struct HAR类型，从这个结构体类型的定义来判断，是链表的结点类型，h的两个元素可以用来构成链表结点，题目中结点h[0]的指针分量指向结点h[1]，而结点h[1]的指针分量又指向h[0]。

答案： D

2. 以下程序的输出结果是（　　）。

```
union myun
{
  struct
  {
  int x,y,z;
  }u;
  int k;
}a;
main()
{ a.u.x=4;
  a.u.y=5;
```

```
  a.u.z=6;
  a.k=0;
  printf(%d\n",a.u.x);
}
```

A. 4　　　　　B. 5　　　　　C. 6　　　　　D. 0

分析：本题定义了一个共用体 union myun 类型的变量 a，共用体变量 a 中，有两个公用成员 u 和 k，其中 u 是一个结构体。在 main()函数中，对共用体变量 a 赋值，先对共用体成员 u 赋值，依次存入 4、5、6，再对共用体成员 k 赋值 0，由于两个成员公用同一块存储区域，所以最终输出的是 0。

答案：D

3．以下程序段用于构建一个简单的单向链表，请填空。

```
struct STRU
{ int x, y ;
  float rate;
  ______ p;
}a,b;
a.x=0;       a.y=0;
a.rate=0;    a.p=&b;
b.x=0;       b.y=0;
b.rate=0;    b.p=NULL;
```

分析：本题先定义了结构体类型变量 a、b，然后利用 a.p=&b;将两个变量链接起来，从程序中的 a.p=&b;这一句，即可判断出结构体中分量 p 的类型为结构体 b 的地址类型，即 struct STRU，这里 struct STRU 中分量 p 的定义是递归定义，在链表结点定义中常用这种方法。

答案：struct STRU *

4．若有如下结构体说明：

```
struct STRU
{ int a,b;
  char c;
  double d;
  struct STRU p1,p2;
};
______ t[20];
```

请填空，以完成对 t 数组的定义，t 数组的每个元素为该结构体类型。

分析：本题定义了一个结构体类型 struct STRU，然后要求根据结构体定义的内容，说明数组 t 的定义，C 语言要求结构体类型前面要加上 struct 来说明。

答案：struct STRU

5．下面程序的输出结果为（　　）。

```
struct st
{   int x;
```

```
    int *y;
}*p;
int dt[4]={10,20,30,40};
struct st aa[4]={ 50,&dt[0],60,&dt[1],70,&dt[2],80,&dt[3] };
main()
{ p=aa;
  printf("%d\n",++p->x);
  printf("%d\n",(++p)->x);
  printf("%d\n",++(*p->y));
}
```

A. 10 20 20　　B. 50 60 21　　C. 51 60 21　　D. 60 70 31

分析：题目中定义了一个结构体数组aa，第一个printf中，->运算的优先级大于++运算，所以输出51；第二个printf中，指针p先自加，即指针p指向aa中第二个元素，所以输出60；第三个printf中，针对dt[1]自加1，所以输出21。

答案：C

11.3 测试题

11.3.1 选择题

1. 根据以下定义，能输出字母M的语句是（　　）。

```
struct person { char name[9]; int age; };
struct person class[10]={ "John", 17,
"Paul", 19,
"Mary", 18,
"Adam", 16, };
```

A. printf("%c\n",class[3].name);　　B. printf("%c\n",class[3].name[1]);

C. printf("%c\n",class[2].name[1]);　　D. printf("%c\n",class[2].name[0]);

2. 以下程序的输出结果是（　　）。

```
main()
{ struct cmplx { int x; int y; } cnum[2]={1,3,2,7};
printf("%d\n",cnum[0].y/cnum[0].x*cnum[1].x); }
```

A. 0　　B. 1　　C. 3　　D. 6

3. 若有以下说明和语句，则值为6的表达式是（　　）。

```
struct st
{  int n;
   struct st *next;
};
struct st a[3],*p;
a[0].n=5; a[0].next=&a[1];
a[1].n=7; a[1].next=&a[2];
```

```
a[2].n=9; a[2].next=\'\\0\';
p=&a[0];
```

A. p++->n　　B. p->n++　　C. (*p).n++　　D. ++p->n

4. 已知字符 0 的 ASCII 代码值的十进制数为 48，且数组的第 0 个元素在低位，以下程序的输出结果是（　　）。

```
main()
{  union { int i[2];
   long k;
   char c[4];
} r,*s=&r;
s->i[0]=0x39; s->i[1]=0x38;
printf("%x\n",s->c[0]);
}
```

A. 39　　B. 9　　C. 38　　D. 8

5. 以下程序的输出结果是（　　）。

```
typedef union { long x[2];
int y[4];
char z[8];
} MYTYPE;
MYTYPE them;
main()
{ printf("%d\n",sizeof(them)); }
```

A. 32　　B. 16　　C. 8　　D. 24

6. 以下程序的输出结果是（　　）。

```
struct st
{ int x;
int *y;
} *p;
int dt[4]={10,20,30,40};
struct st aa[4]={50,&dt[0],60,&dt[0],60,&dt[0],60,&dt[0],};
main()
{  p=aa;
   printf("%d\n",++p->x);
   printf("%d\n",(++p)->x);
   printf("%d\n",++(*p->y));
}
```

A.	B.	C.	D.
10	50	51	60
20	60	60	70
20	21	11	31

7. 以下程序的输出结果是（　　）。

```
typedef union
{ long i;
  int k[5];
  char c;
} DATE;
struct date
{ int cat;
  DATE cow;
  double dog;
} too;
DATE max;
main()
{ printf("%d\n",sizeof(struct date)+sizeof(max)); }
```

A. 25　　B. 30　　C. 18　　D. 8

11.3.2 填空题

1. 以下 MIN 函数的功能是：在查找带有头结点的单向链表中，结点数据域的最小值作为函数值返回，请填空。

```
struct node { int data;
struct node *next;
};
int MIN(struct node *first)
{ struct node *p;
  int m;
  p=first->next;
  m=p->data;
  for(p=p->next; p!='\0'; p=____【1】____)
  if(____【2】____) m=p->data;
  return m;
}
```

2. 函数 creat 用来建立一个带头结点的单向链表，新产生的结点总是插在链表的末尾，单向链表的头指针作为函数值返回。请填空。

```
#include "stdio.h"
struct list
{ char data;
  struct list *next;
} ;
struct list *creat()
{ struct list *h,*p,*q;
  char ch ;
```

```
h=_____malloc(sizeof(____【1】____));
p=q=h;
ch=getchar();
while(ch!='?')
{ p=____【2】____malloc(sizeof(____【3】____));
p->data=ch;
q->next=p;
q=p;
ch=getchar();
}
p->next='\0';
____【4】____;
}
```

3．以下程序建立了一个带有头结点的单向链表，链表结点中的数据通过键盘输入，当输入数据为–1 时，表示输入结束（链表头结点的 data 域不放数据，表空的条件是 ph->next==NULL）。请填空。

```
#include<stdio.h>
struct list
{   int data;
struct list *next;};
____【1】____creatlist()
{   struct list *p,*q,*ph;
  int a;
  ph=(struct list *)malloc(sizeof(struct list));
  p=q=ph;
  printf("Input an integer number,enter -1 to end:\n");
  scanf("%d",&a);
  while(a!=-1)
  {   p=(struct list *)malloc(sizeof(struct list));
  p->data=a;
  q->next=p;
  ____【2】____=p;
  scanf("%d",&a);
  }
  p->next='\0';
  return(ph);
}
main()
{
    struct list *head;
    head=creatlist();
}
```

4．字符'0'的 ASCII 码的十进制数为 48，且数组的第 0 个元素在低位，则以下程序的

输出结果是 【1】 。

```
#include<stdio.h>
main( )
{   union
{   int i[2];
    long k;
    char c[4];
    }r,*s=&r;
    s->i[0]=0x39;
    s->i[1]=0x38;
    printf("%c\n",s->c[0])
}
```

11.3.3 编程题

1. 创建一个五结点的链表，输入数据并且按照从大到小的顺序排序。

2. 现在有三个候选人，设计一个程序对候选人的得票进行统计。候选人每得一票，就将其名字输入一次，最后输出各候选人的得票情况。

3. 有 5 个学生，每个学生的情况包括学号、姓名、成绩三项。现要求编写一个程序找出成绩最高和最低者的姓名和成绩。

4. 定义一个可以存储下列数据的结构体：

学生学号：整型数据
学生姓名：字符型数据
性别：字符型数据
年龄：实型数据
系名：字符型数据
宿舍楼号：整型数据
家庭成员 1：字符型数据
家庭成员 2：字符型数据
家庭成员 3：字符型数据

5. 利用上述数据结构，编制程序输入 10 组数据，然后按照从大到小的顺序排序。

第12章 文 件

12.1 知识要点

12.1.1 文件的概念

文件是存放在外存上的有序数据的一种组织方式，计算机操作系统通常采用文件的方式来管理外存上的数据，通过文件的“按名存取”，方便用户管理存放在外存上的数据，所以一般来说，只有外存上才有文件的概念，当需要将数据长期保存在外存上的时候，或者需要保存大量数据的时候，通常都要用到文件操作。

为了实现“按名存取”，用户在文件操作时，首先就要提供文件名。不管是 Windows 操作系统还是 UNIX 操作系统，均是以文件为单位管理数据的。也就是说，如果想找到存储在磁盘上的数据，需要先按照文件名找到数据所在的文件，然后才能够从文件中读取所要的数据。同样道理，如果想将某些数据保存到磁盘里，需要先建立一个文件，然后才能向文件中输入数据。

文件数据通常是驻留在外部存储介质上的，当需要时才调入计算机系统的内存，使用完成后将结果再存放回原来的文件。

C 语言把文件看做是一个字符（字节）的序列，即一个字符（字节）接着一个字符（字节）的顺序存放。根据数据的组织形式，或者说根据文件的编码方式，文件可分为 ASCII 文件（又可以称为文本文件）和二进制文件。ASCII 文件又称为文本文件，这种文件在磁盘中存放时每个字节存放一个 ASCII 码，代表一个字符。ASCII 文件可在屏幕上按字符显示，例如 C 语言的源程序文件就是 ASCII 文件，可以用文本编辑软件显示文件的内容。由于 ASCII 文件是按字符显示，因此能读懂文件内容。

二进制文件是把内存中的数据按其在内存中的存储形式原样输出到磁盘上存放，即按照二进制的编码方式来存放文件。二进制文件虽然也可以在屏幕上显示，但其内容却无法读懂。

12.1.2 缓冲文件系统

C 语言系统中有两种处理文件的方法：一种就是“缓冲文件系统”，另外一种就是“非缓冲文件系统”。所谓的“缓冲文件系统”是指系统自动地在内存区为每一个正在使用的文件名开辟一个缓冲区。这样一来，从内存向磁盘输出数据时必须先送到内存中的缓冲区，等到缓冲区装满后再一起送到磁盘去。如果是从磁盘向内存读入数据，那么就必须一次将一批数据从磁盘文件输入到内存缓冲区，然后再从缓冲区逐个地将数据送到程序的数据区。

缓冲文件系统又可以称为“高级磁盘 I/O 系统”，用缓冲文件系统进行的输入输出又称为高级磁盘输入输出。

12.1.3 文件类型指针

在C语言中用一个指针变量指向一个文件，这个指针称为“文件指针”。文件指针是缓冲文件系统中非常重要和关键的一个概念。每一个被使用的文件都在内存中开辟一个区域用来存放该文件的相关信息，比如文件名、文件属性以及文件路径等。这些信息是保存在一个结构体类型的变量中的。该结构体类型由系统定义，其名为 FILE。

通过文件指针就可以对它所指的文件进行各种操作。定义说明文件指针的一般形式为：

```
FILE *指针变量标识符;
```

其中 FILE 必须为大写，因为这是由系统预先定义了的一个结构体类型。在编写源程序时不必关心 FILE 结构的细节。例如：

```
FILE *fp;
```

表示 fp 是指向 FILE 类型结构体的指针变量，可以使 fp 指向某一个文件的结构体变量，通过 fp 就可以找到这个存放文件信息的结构体变量，然后按结构体变量提供的信息即可找到该文件，从而完成对文件的操作。习惯上也笼统地把 fp 称为指向一个文件的指针。

如果有 n 个文件，一般应设 n 个指针变量，使它们分别指向 n 个文件，从而实现对文件的访问。还可以定义 FILE 类型的数组，如下所示：

```
FILE-efile[-MAXFILE];
```

结构体数组-efile[]有-MAXFILE 个元素，-MAXFILE 是一个符号常量，它的值是可以使用的文件的最大数目。

12.1.4 文件操作

在C语言中，文件操作都是由系统提供的库函数来完成的。同其他高级语言一样，对一个文件进行读写操作之前必须先打开该文件。

1. 打开文件

C 语言系统规定了标准的输入输出函数库，同样也规定了实现打开文件的函数是 fopen()函数。fopen()函数调用的一般形式为：

```
FILE *文件指针名;
文件指针名=fopen(文件名，使用文件方式);
```

例如：

```
FILE *fp;
```

```
fp=fopen("file1","r");
```

这里打开的是一个文件名为 file1 的文件，并且说明对文件的操作方式是“只读”。fopen()函数带回指向 file1 文件的指针并将其赋给指针变量 fp，即使得 fp 指向 file1 文件。

2. 关闭文件

在使用完文件之后必须将文件关闭，这样才能够保证数据安全保存到文件中，以免文件数据丢失或者损坏。ANSI C 规定关闭文件的函数是 fclose()函数。该函数的一般调用形式是：

```
fclose(文件指针);
```

例如：

```
fclose(fp);
```

先前用 fopen()函数打开文件时所带回的文件指针赋给 fp，现在将其关闭。“关闭文件”使得文件指针变量不再指向该文件，也就是说使文件指针与文件脱离。正常完成关闭文件操作时，fclose()函数返回值为 0。如果返回值非 0 则表示关闭文件时有错误发生，这时可以用 ferror 函数来进行测试。

3. 文件读写

在打开文件之后就可以对其进行读和写的操作了。对文件的读和写是最常用的操作。ANSI C 规定了一系列的读写函数以用来对文件进行读写操作，它们包括：字符读写函数、字符串读写函数、数据块读写函数和格式化读写函数。

字符读写函数包括 fgetc 函数和 fputc 函数；字符串读写函数包括 fgets 函数和 fputs 函数；数据块读写函数包括 fread 函数和 fwrite 函数；格式化读写函数包括 fscanf 函数和 fprinf 函数。

12.2 例题分析与解答

1．若要打开 A 盘上 user 子目录下名为 abc.txt 的文本文件进行读、写操作，下面符合此要求的函数调用是（　　）。

A．fopen("A:\user\abc.txt"，"r")　　B．fopen("A: \\user\\abc.txt"，"r+")

C．fopen("A:\user\abc.txt"，"rb")　　D．fopen("A: \\user\\abc.txt"，"w")

分析：本题中，要求对 abc.txt 进行读写操作，只有“r+”是读写操作，根据 C 语言文件打开函数的定义，“r”是只读，“rb”是只读，“w”是只写。另外，文件路径描述中，'\'要用'\\'表示，即使用'\\'转义描述'\'。

答案：B

2．以下程序用来统计文件中字符个数，请填空。

```
#include"stdio.h"
main()
{   FILE  *fp;
    long  num=0L;
    if((fp=fopen("fname.dat","r"))==NULL)
```

```
    {   pirntf("Open error\n");
        exit(0);
    }
    while(______)
    {   fgetc(fp);
        num++;
    }
    printf("num=%1d\n",num-1);
    fclose(fp);
}
```

分析：程序中，先打开文件 fname.dat，然后利用 while 循环遍历文件内容，即使用 fgetc(fp)函数挨个读取文件中的字符，每次读取一个字符，就将文件内的指针后移一个字符位置，并且利用变量 num++来进行累加统计文件中的字符个数，while 循环中的条件是用来控制文件遍历过程，循环的结束条件是遇到文件尾。

答案：!feof(fp)

3．下面的程序执行后，文件 test.txt 中的内容是（　　）。

```
#include"stdio.h"
void fun(char *fname,char *st)
{   FILE *myf;
    int i;
    myf=fopen(fname,"w" );
    for(i=0;i<strlen(st);i++)
    fputc(st[i],myf);
    fclose(myf);
}
main()
{   fun("test","new world");
    fun("test","hello,");
}
```

A．hello,　　　　　B．new worldhello,　C．new world　　　D．hello, rld

分析：题目中，两次调用 fun()函数，对同一文件 test 进行写入操作，由于 fun()函数中，打开文件采用的是“w”说明符，说明是对文件进行“只写”操作，每次只写操作都会刷新文件内容，即删除文件原先的内容，写入新的内容，所以最后写入的字符串“hello”会取代第一次写入的字符串“new world”。

答案：A

4．以下程序段打开文件后，先利用 fseek 函数将文件位置指针定位在文件末尾，然后调用 ftell 函数返回当前文件位置指针的具体位置，从而确定文件长度，请填空。

```
FILE *myf;
long f1;
myf=______("test.txt","rb");
fseek(myf,0,SEEK_END);
```

```
f1=ftell(myf);
fclose(myf);
printf("%d\n",f1);
```

分析：操作系统文件管理要求，凡是文件操作，必须先打开文件才能对文件进行读写，文件读写结束后必须关闭文件，所以凡是涉及文件操作，之前必须先打开文件，打开文件可以使用 fopen()函数。

答案：fopen

5. 若 fp 是指向某文件的指针，且已读到文件末尾，则库函数 feof(fp)的返回值是（　　）。

A. EOF　　　B. –1　　　C. 非 0 值　　　D. NULL

分析：函数 feof(fp)的作用是判断文件中的指针是否指向文件的末尾，如果文件中的指针指向文件尾，则返回一个非 0 值，表示已到文件尾，根据题意，文件已经读到文件末尾，所以应该返回非 0 值。

答案：C

6. 下面程序把从终端读入的文本（用@作为文本结束标志）输出到一个名为 bi.dat 的新文件中，请填空。

```
#include"stdio.h"
main()
{   FILE *fp;
    char ch;
    if((fp=fopen(_______))==NULL)
    exit(0);
    while((ch=getchar())!='@')
    fputc(ch,fp);
    fclose(fp);
}
```

分析：本题涉及文件操作，操作系统要求文件必须先打开才能读写，文件操作结束后，必须关闭文件。程序中 if 语句的作用是判断文件是否被成功的打开，使用了标准的 C 语言的文件打开方法，fopen()函数中要求，给出需要打开的文件名和打开方式。

答案："bi.dat","w"或"bi.dat","w+"

12.3 测试题

12.3.1 选择题

1. 标准库函数 fgets(s,n,f)的功能是（　　）。

A. 从文件 f 中读取长度为 n 的字符串存入指针 s 所指的内存

B. 从文件 f 中读取长度不超过 n-1 的字符串存入指针 s 所指的内存

D. 从文件 f 中读取 n 个字符串存入指针 s 所指的内存

D. 从文件 f 中读取长度为 n-1 的字符串存入指针 s 所指的内存

2．若 fp 是指向某文件的指针，且已读到文件末尾，则库函数 feof(fp)的返回值是（　　）。

A．EOF　　B．-1　　C．非零值　　D．NULL

12.3.2　填空题

1．根据文件的编码方式，文件可以分为＿【1】＿和＿【2】＿。从用户的角度看，文件可分为＿【3】＿和＿【4】＿两种。C 语言中存在两种处理文件的方法：一种就是“＿【5】＿”，另外一种就是“非缓冲文件系统”。

2．C 语言中经常用到的格式化读写函数是＿【1】＿和＿【2】＿，这两个函数的读写对象是＿【3】＿。C 语言中用于实现文件定位的函数有＿【4】＿和＿【5】＿。

3．以下 C 语言程序将磁盘中的一个文件复制到另一个文件中，两个文件名在命令行中给出。请将程序补充完整。

```
#include"stdio.h"
main(argc,argv)
int argc;
char *argv[];
{   FILE *f1,*f2;
        char ch;
        if(argc<  【1】  )
        {   printf("Parameters missing!\n");
            exit(0);
        }
        if(((f1=fopen(argv[1],"r"))==NULL)||((f2=fopen(argv[2],"w")) =
        NULL))
        {   printf("Can not open file!\n");
            exit(0);
        }
        while(  【2】  )
        fputc(fgetc(f1),f2);
        fclose(f1);
        fclose(f2);
}
```

4．以下 C 语言程序将磁盘中的一个文件复制到另一个文件中，两个文件名在命令行中给出，请填空。

```
#include "stdio.h"
main(int argc, char *argv[])
{ FILE *f1,f2; char ch;
  if(argc<  【1】  ) { printf("命令行参数错！\n"); exit(0); }
  f1=fopen(argv[1],"r");
  f2=fopen(argv[2],"w");
  while(  【2】  ) fputc(fgetc(f1),  【3】  );
    【4】  ;   【5】  ;
}
```

5. 以下程序由终端键盘输入一个文件名，然后把终端键盘输入的字符依次存放到该文件中，用“#”号作为结束输入标志，请填空。

```
#include "stdio.h"
main()
{ FIlE *fp; char ch,fname[10];
  printf("Enter the name of file\n"); gets(fname);
  if((fp=____【1】____)==NULL) { printf("Open error\n"); exit(0); }
  printf("Enter data:\n");
  while((ch=getchar())!='#') fputc(____【2】____,fp);
  fclose(fp);
}
```

6. 以下程序用来统计文件中字符的个数，请填空。

```
#include "stdio.h"
main()
{ FILE *fp; long num=0;
  if((fp=fopen("fname.dat",____【1】____)==NULL)
  { printf("Open error\n"); exit(0); }
  while ____【2】____
  { ____【3】____; num++; }
  printf("num=%d\n",num);
  fclose(fp);
)
```

7. 以下程序编译、连接后生成可执行文件cpy.exe：

```
#include "stdio.h"
void fc(FILE *);
main(int argc, char *argv[])
{ FILE *fp; int i=1;
  while(--argc>0)
  { fp=fopen(argv[i++],"r");
    fc(fp);
  fclose(fp);
}
}
void fc(FILE *ifp)
{ char c;
  while (c=getc(ifp)!='#') putchar(c-32);
}
```

假定磁盘当前目录下有三个文本文件，其文件名和内容分别为：

```
a aaaa#
b bbbb#
c cccc#
```

当在 DOS 当前目录下键入：

```
cpy a b c<CR>(此处的<CR>代表Enter 键)
```

则程序输出________。

12.3.3 编程题

1．总结常用的缓冲文件系统函数，列出函数名、功能、语法和返回值类型。

2．编写程序将磁盘上某个扩展名为.c 的源程序中的所有注释删除。

3．编写程序把一个文本文件中凡是 good 的地方均变成 bad。

4．编写程序生成一个链表，每个结点是文本文件的一行，并测试其长度。

第二部分　实验指导

第13章

Visual C++ 6.0 和 Turbo C 2.0 的上机操作

13.1 Visual C++ 6.0 的上机操作

13.1.1 Visual C++的安装和启动

如果你的计算机未安装 Visual C++ 6.0，则先安装 Visual C++ 6.0。Visual C++是 Visual Studio 的一部分，因此需要有 Visual Studio 的安装光盘，执行其中的 setup.exe，并按屏幕上的提示进行安装即可。

安装结束后，在 Windows 的“开始”菜单的“程序”子菜单中就会出现 Microsoft Visual Studio 子菜单。

在需要使用 Visual C++时，从桌面顺序选择“开始”→“程序”→Microsoft Visual Studio→Visual C++ 6.0 即可，此时屏幕就会出现 Visual C++ 6.0 的主窗口，如图 13.1 所示。

也可以在桌面上建立 Visual C++ 6.0 的快捷方式的图标，这样在使用 Visual C++ 6.0 时只需双击该图标即可，此时屏幕上会弹出如图 13.1 所示的 Visual C++的主窗口。

在 Visual C ++的主窗口的顶部是 Visual C++的主菜单栏。其中包含 9 个菜单项。主窗口的左侧是项目工作区窗口，右侧是程序编辑窗口。工作区窗口用来显示所设定的工作区的信息，程序编辑窗口用来输入和编辑源程序。

13.1.2 输入和编辑源程序

先介绍最简单的情况，即程序只由一个源程序文件组成，即单文件程序。

1. 新建一个 C 源程序

（1）在 Visual C++主菜单栏中单击 File（文件），然后在其下拉菜单中单击 New（新建），打开 New 对话框（见图 13.2）。

（2）屏幕上出现一个 New（新建）对话框。单击此对话框的 Files（选项卡），在其下拉菜单中有一个 C++ Source File 项，这项的功能是建立新的 C++源程序文件。

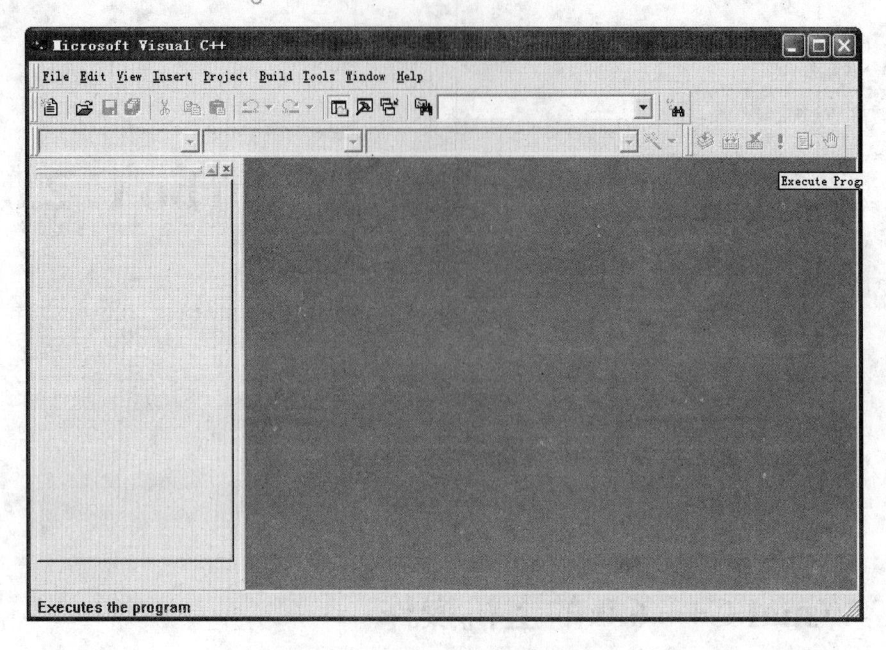

图 13.1　Visual C++ 6.0 的主窗口

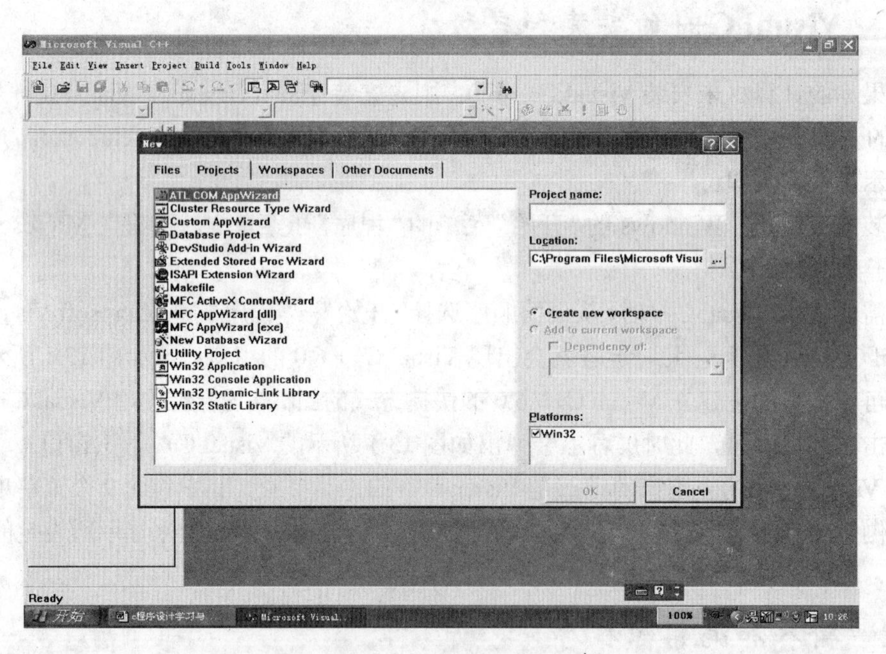

图 13.2　New 对话框

（3）由于 Visual C++ 6.0 既可以用于处理 C++源程序，也可以用于处理 C 源程序，因此，选择此项，单击 C++Source File。

在对话框的右侧有两行需要输入内容，一个是源程序的名字，另一个是源程序存储的位置（见图 13.4）。需要说明的是，我们指定的文件名的后缀为.c，表示是 C 语言源程序，如果不写后缀，系统会默认指定为 C++源程序文件，自动加上后缀.cpp。

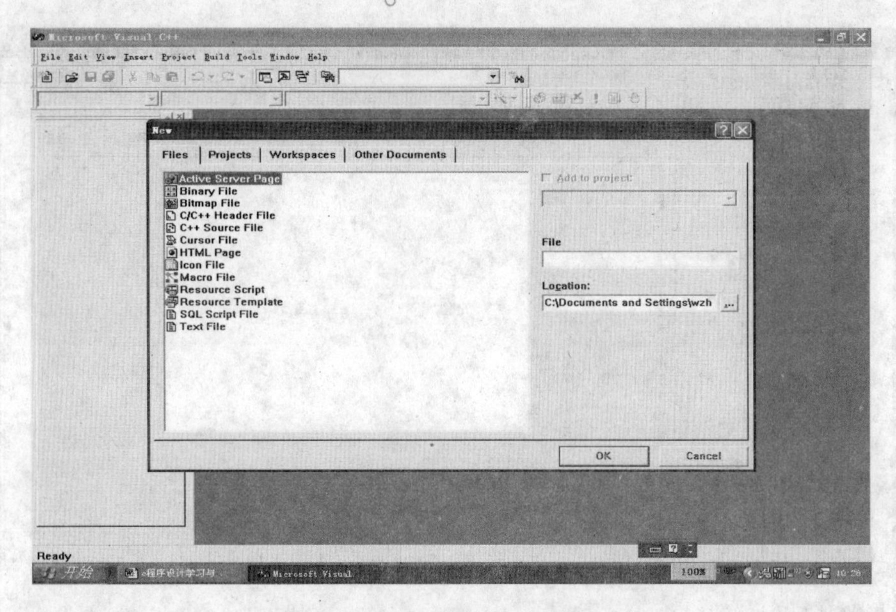

图 13.3　New 对话框 Files 选项卡

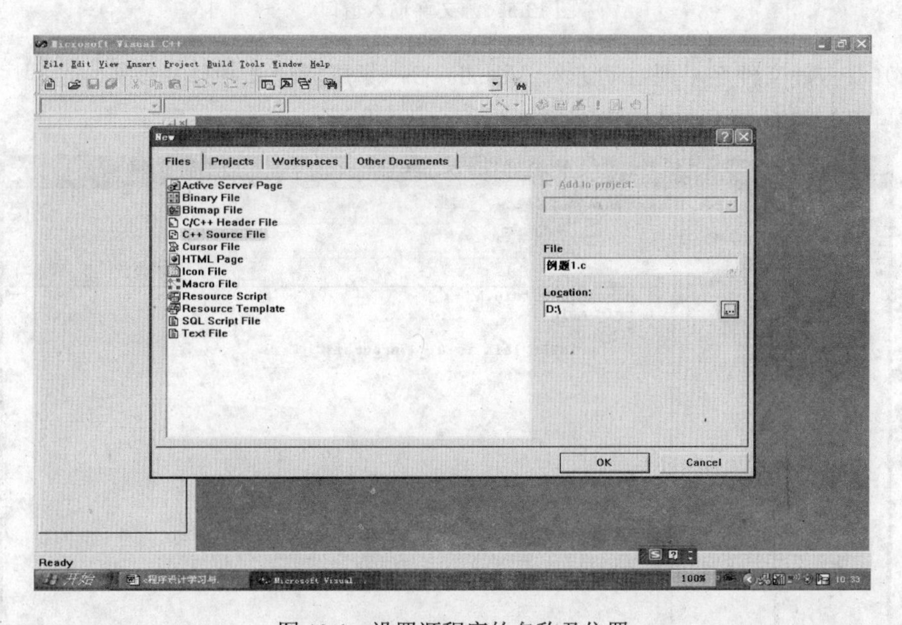

图 13.4　设置源程序的名称及位置

（4）在单击 OK 按钮后，回到 Visual C++主窗口，由于在前面已指定了文件的保存位置，即路径和文件名，因此在窗口的标题中显示出路径和文件名（见图 13.5）可以看到光标在程序编辑窗口闪烁，表示程序编辑窗口已激活，可以输入和编辑源程序了。

13.1.3　打开一个已有的程序

打开一个已有的程序，有以下两种方法。

方法一：

（1）在“我的电脑”中按路径找到已有的 C 程序文件。

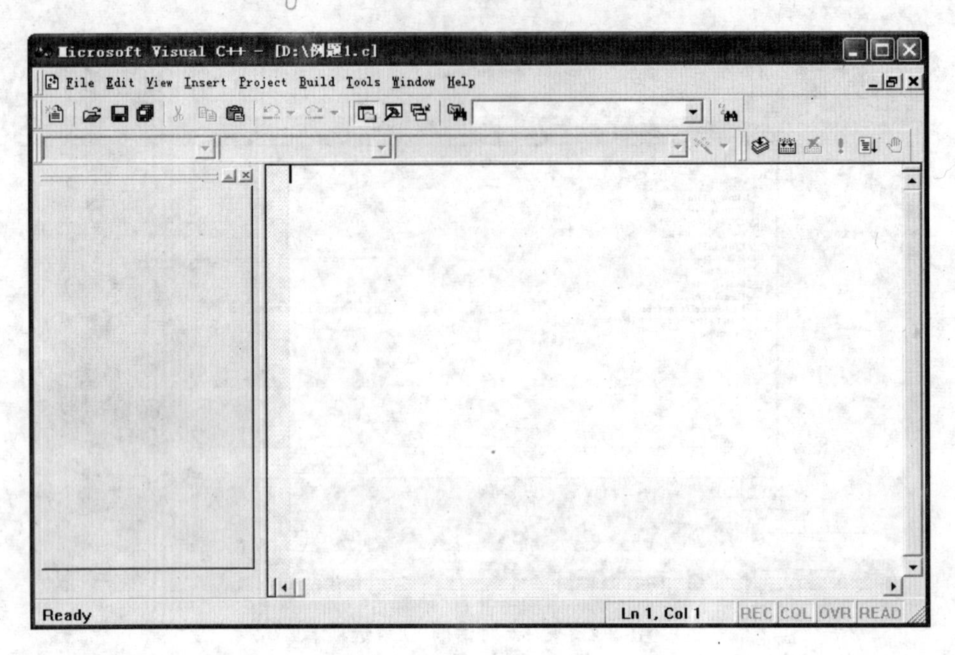

图 13.5 源文件输入窗口

（2）双击此文件名，则自动进入 Visual C++集成环境，并打开该文件，程序显示在编辑窗口中，如图 13.6 所示。

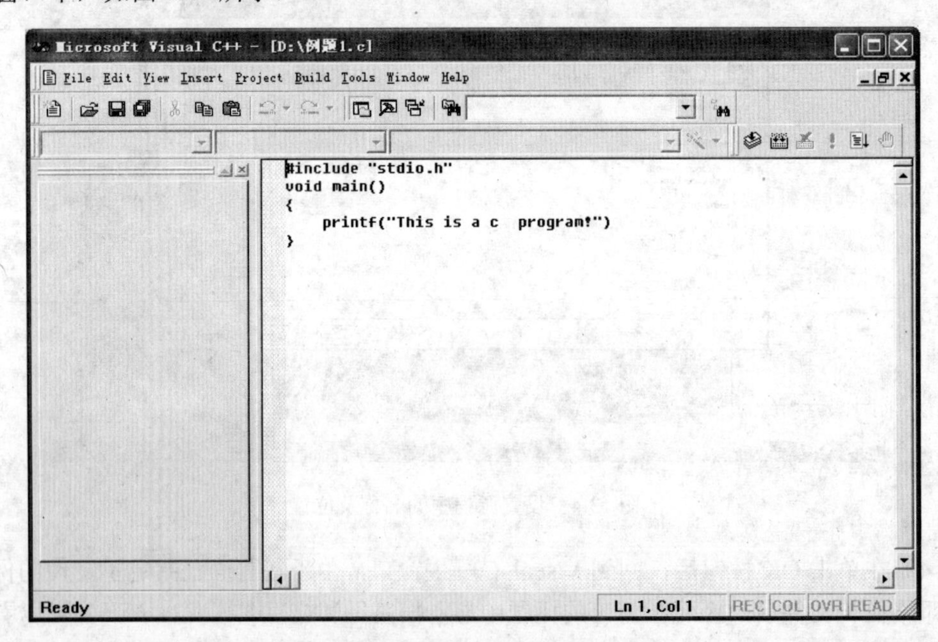

图 13.6 打开已有文件

方法二：

（1）单击工具栏中的“打开”命令按钮。

（2）在“打开”对话框中选择所需文件。

（3）单击对话框的“确定”按钮，程序显示在编辑窗口中。

13.1.4　程序的编译

（1）在编辑和保存了源文件以后，单击主菜单中 Compile（编译），在其下拉菜单中选择 Compile 项（见图 13.7）。

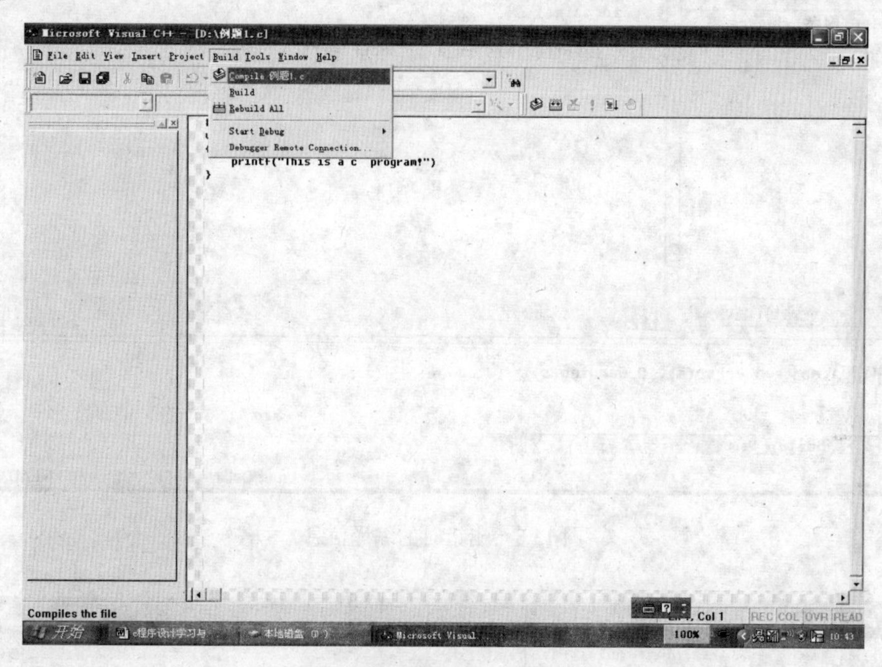

图 13.7　选择 Compile 命令

(2)选择 Compile 命令后,屏幕上出现一个对话框,内容是 This build command requires an active project workspace，Would you like to create a default project workspace？（此编译命令要求一个有效的项目工作区，你是否同意建立一个默认的项目工作区），单击“Y（是）”按钮，表示同意由系统建立默认的项目工作区，然后开始编译。

也可以用快捷键 Ctrl +F7 来完成编译。

(3) 在进行编译时，编译系统检查源程序中有无语法错误，然后在主窗口下部的调试信息窗口输出编译的信息，如果有错，就会指出错误的位置和性质（见图 13.8）。

13.1.5　程序的调试

程序调试的任务是发现和改正程序中的错误，使程序能正常运行。编译系统能检查出程序中的语法错误。语法错误分为两类：一类是致命错误，以 error 表示，如果程序中有这类错误,就通不过编译,无法形成目标程序,更谈不上运行了。另一类是轻微错误,以 warning（警告）表示，这类错误不影响生成目标程序和可执行程序，但有可能影响运行的结果，因此也应当改正，使程序既无 error，又无 warning。

在图 13.8 中的调试信息窗口中可以看到编译的信息，指出源程序有 1 个 error(s)和 0 个 warning(s)。用鼠标单击调试信息窗口中右侧的向上箭头，可以看到出错的位置和性质，如图 13.9 所示。

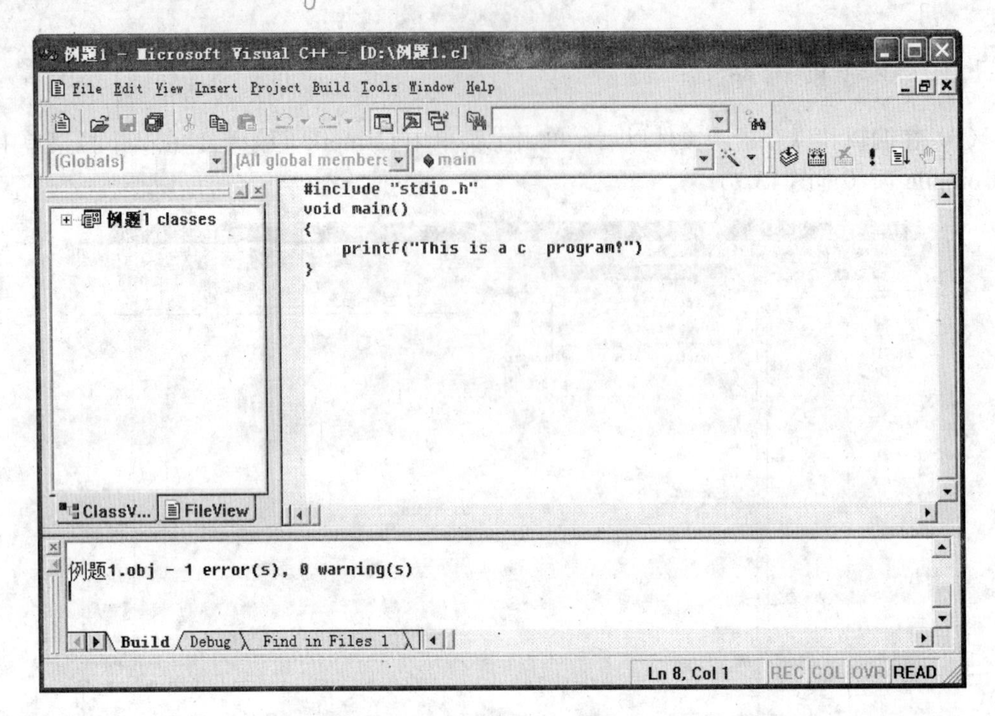

图 13.8　出错时的编译信息

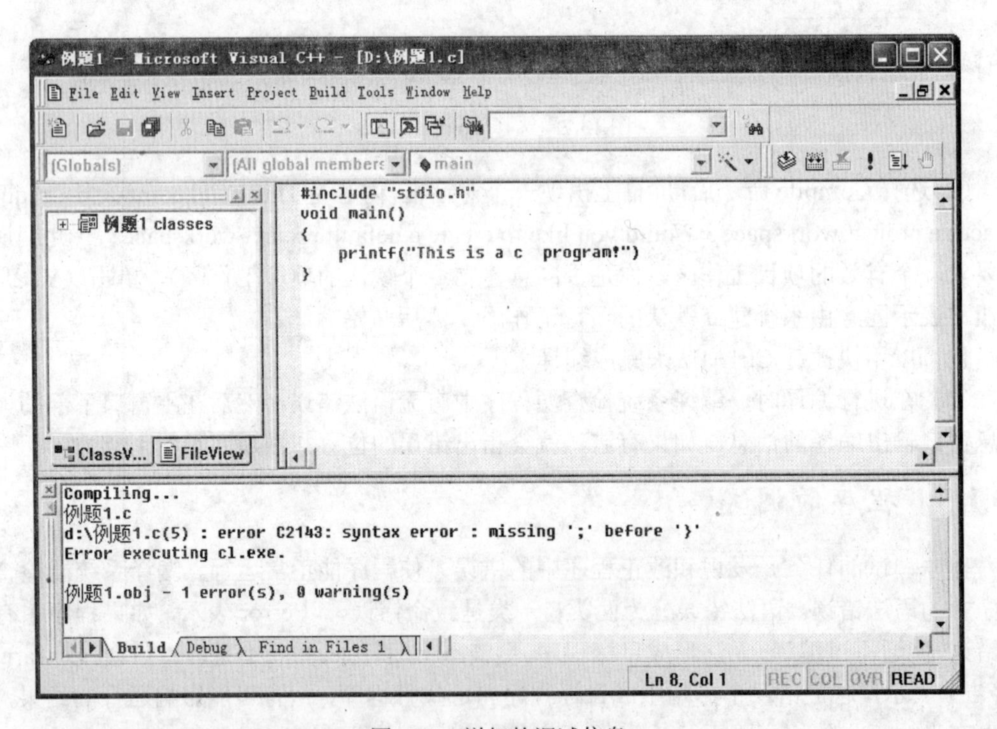

图 13.9　详细的调试信息

修改程序中的错误，printf 语句后少了一个“；”号，添加后再重新编译，得到目标程序“例题 1.obj”，如图 13.10 所示。

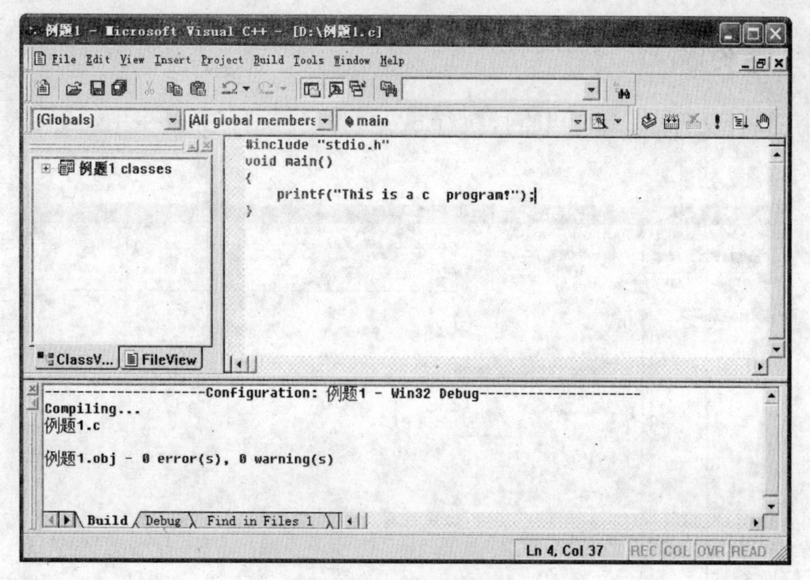

图 13.10　改错后编译通过

13.1.6　程序的连接

在得到目标程序"例题 1.obj"后，就可以对该程序进行连接了。由于已生成了目标程序，编译系统据此确定再连接后应生成一个后缀名为.exe 的可执行文件，即"例题 1.exe"。此时应选择 Build（构建）→Build 菜单命令，在完成连接后，在调试信息窗口中显示连接时的信息，说明没有发现错误，生成了一个可执行文件，如图 13.11 所示。

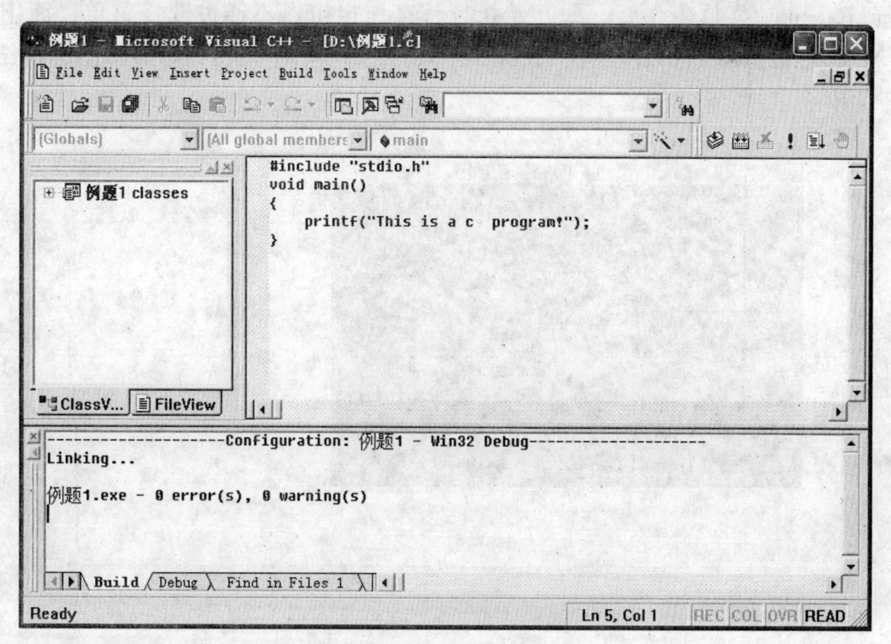

图 13.11　连接成功完成

提示：可以用 F7 快捷键一次性完成编译与连接操作。

13.1.7 程序的执行

在得到可执行文件后，就可以直接执行.exe 文件了。选择 Build→!Execute 菜单命令（见图 13.12）。

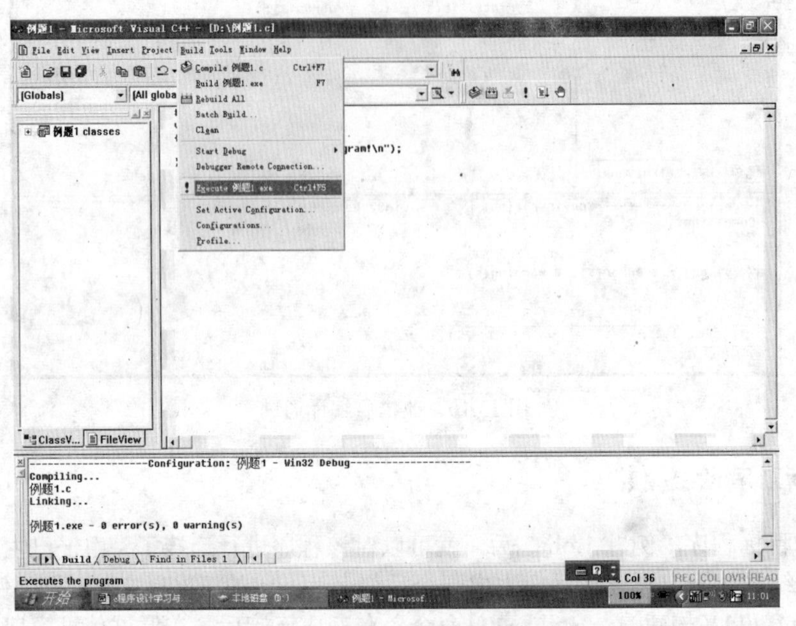

图 13.12 选择 Execute 菜单命令

选择 Execute 菜单命令后，即开始执行程序。也可以不通过选择菜单，而用快捷键 Ctrl+F5 来实现程序的执行。程序执行后，屏幕切换到输出结果窗口，显示出运行结果（见图 13.13）。

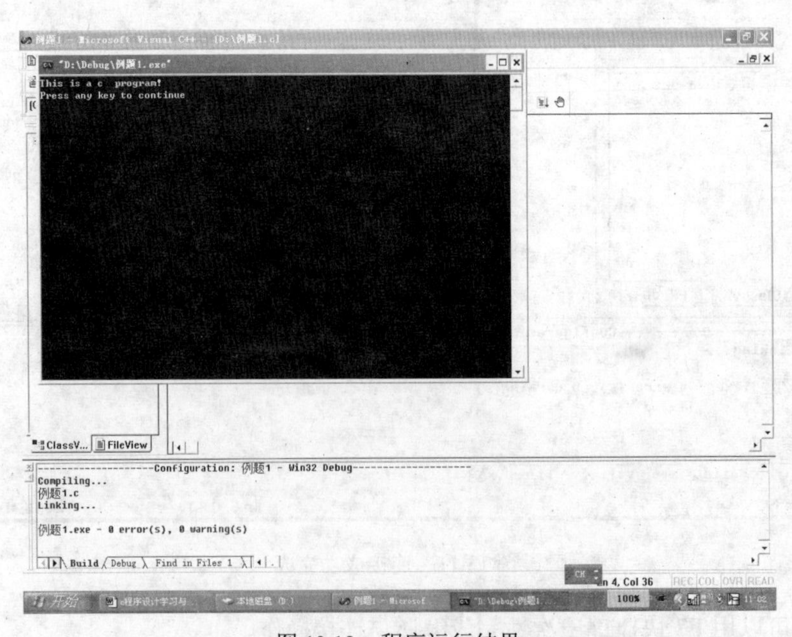

图 13.13 程序运行结果

可以看到，在输出结果的窗口中的第 1 行是程序的输出：

```
This is a C program.
```

然后换行。

第 2 行“Press any key to continue”并非程序所指定的输出，而是 Visual C++在输出运行结果后由 Visual C++ 6.0 系统自动加上的一行信息，通知用户：“按任意键以便继续”。当按下任何一键后，输出窗口消失，回到 Visual C++的主窗口，可以继续对源程序进行修改补充。

如果已完成对一个程序的操作，不再对它进行其他的处理，应当选择 File（文件）→ Close Workspace（关闭工作区）菜单命令，以结束对该程序的操作。

13.2　Turbo C 2.0 的上机操作

13.2.1　Turbo C 的安装和启动

Turbo C 是由美国 Borland 公司研制生产的，公司提供的 Turbo C 系统以压缩文件的形式存放在磁盘或光盘上。用户在使用 Turbo C 之前，将该压缩文件复制到电脑上，解压后就可以使用了。

在 Turbo C2 文件夹中查找 tc.exe 执行文件，双击此文件，就进入 Turbo C 环境，屏幕显示如图 13.14 所示。

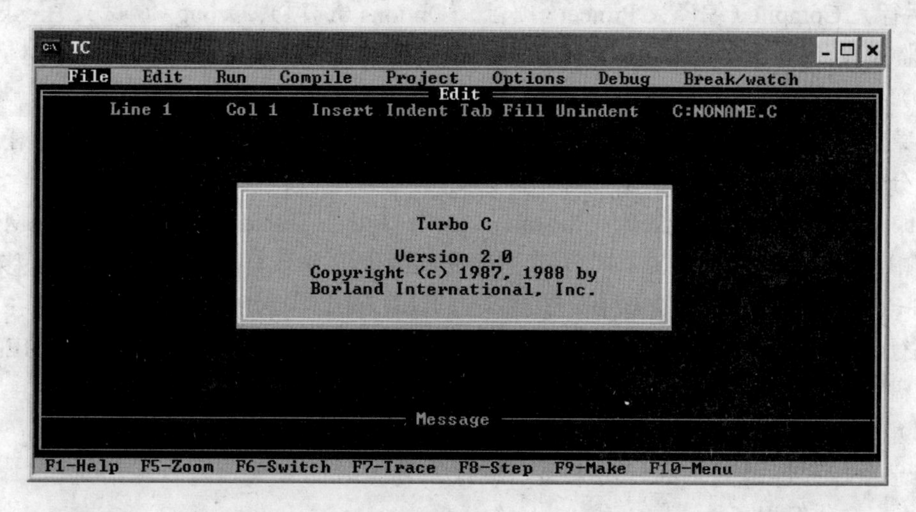

图 13.14　Turbo C 界面

可以将 tc.exe 文件创建为“快捷方式”，然后把它拖到桌面上，在桌面上就出现一个“TC.EXE”图标。以后每次想进入 Turbo C 环境，只需双击该图标即可。

13.2.2　Turbo C 的工作窗口

现在对图 13.14 所示的 Turbo C 初始屏幕作简单介绍。屏幕正中有一个 Turbo C 的版本消息框，标明 Turbo C 的版本号、生产日期和公司名称。它相当于一个“封面”，当用户按下任意键时，此消息框就会消失，用户看到的将是 Turbo C 的工作窗口，如图 13.15 所示。

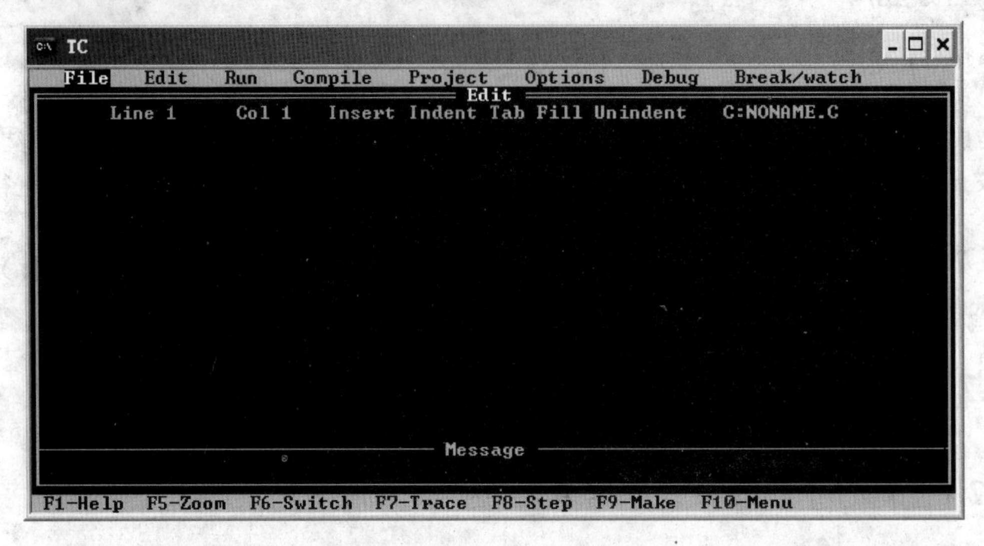

图 13.15　Turbo C 的工作窗口

Turbo C 的工作窗口包括以下几方面的内容。

（1）主菜单窗口

主菜单窗口在 Turbo C 屏幕的顶部，它包括 8 个主菜单：File（文件）、Edit（编辑）、Run（运行）、Compile（编译）、Project（项目）、Options（选项）、Debug（调试）、Break/watch（断点/监视），每一个主菜单还有其子菜单，分别用来实现各项操作。

（2）编辑窗口

主菜单的下方就是编辑窗口，源程序就在这个窗口中显示，因而编辑窗口占据了屏幕的大部分位置。在编辑窗口的上方有一行英文：

Line　1　Col　1　Insert　Indent　Tab　Fill　Unindent　C：NONAME.C

其中“Line　1”和“Col　1”表示当前光标的位置在第 1 行第 1 列。当光标移动时，Line 和 Col 后面的数字也随之改变，它用来告诉用户光标当前所在的位置。

该行最右端显示的是当前正在编辑的文件名，对新文件自动命名为 NONAME.C，如果从磁盘调入一个已存在的文件，则在该位置显示调入文件的名字。

（3）信息窗口

信息窗口在屏幕的下部，用来显示编译和连接时的有关信息。在信息窗口上方有 Message 字样作标识。

（4）功能键提示行

在屏幕最下方是功能键提示行，显示一些功能键的作用。

13.2.3　编辑一个新文件

如果要输入和编辑一个新的 C 程序，选择主菜单中的 File 菜单，在 File 的下拉菜单中选择 New 菜单项，按 Enter 键，编辑窗口就被清空，光标定位在左上角，用户可以输入和编辑程序了。

在输入完程序后应及时将源程序保存起来，按 F10 键返回到主菜单，在 File 的子菜单中，选择 Save 菜单项，按 Enter 键后，Turbo C 就会弹出一个对话框，要求用户指定文件名，如图 13.16 所示。

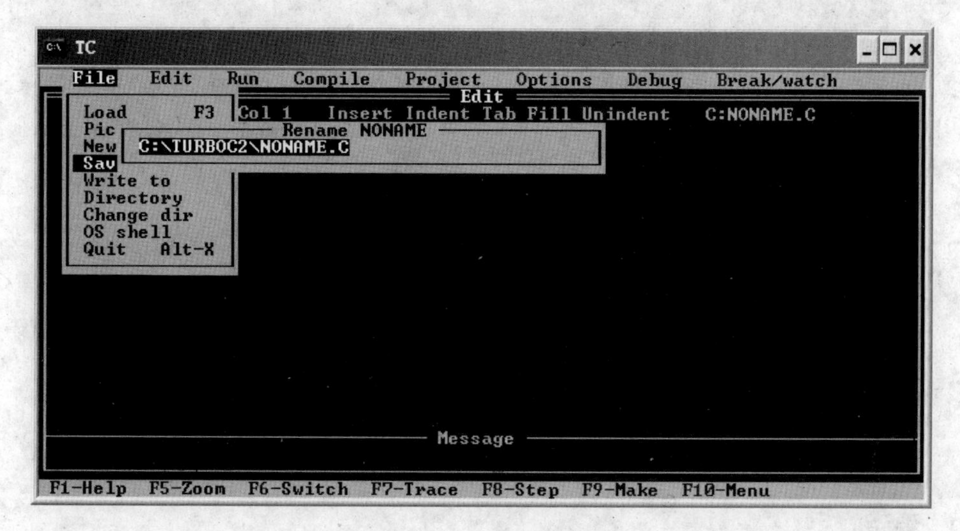

图 13.16 选择 Save 命令

可以修改对话框中的文件名和路径。也可以直接按功能键 F2 存盘。

13.2.4 编辑一个已存在的文件

打开一个已经存在的文件，可以通过选择菜单命令 File→Load。这时，屏幕上会出现一个包含*.C 的“装入文件对话框”，要求用户输入文件的路径和文件名。

如果记不清要装入的文件名，可以在子窗口出现上述“.C”时直接按 Enter 键。Turbo C 就会显示出当前目录下的所有后缀为“.C”文件名。利用“光标”键将亮条移到需要装入的文件名处，按 Enter 键后，该文件内容就显示在屏幕上了。

如果想将文件改名存盘，可以通过 File→Write to 菜单命令实现。

13.2.5 改变用户工作目录

工作目录指用户文件所在的目录。更改工作目录具体方法如下：

按 Alt+F 键得到 File 的下拉菜单，选择 Change dir 菜单命令，按 Enter 键后，就会出现一个新目录输入框，提示用户输入所选择的工作目录名，见图 13.17。

用户只需在新目录输入框中输入路径即可。以后在保存源文件和输出文件时，如不另外指定，将自动保存在该子目录中。

但应注意：在新目录输入框中输入的子目录名必须是已存在的目录，如果不存在此目录，则系统会显示出错信息，用户可再次输入合法的目录名。

13.2.6 程序的编译、连接和运行

编辑好源程序并存盘后，应当对源程序进行编译、连接和运行。在 Turbo C 集成环

境中，进行编译、连接和运行是十分方便的，既可以将编译、连接和运行分3个步骤分别进行，也可以将编译和连接合起来作为一步进行，然后再运行；还可以将编译、连接和运行三者合在一起一次完成。

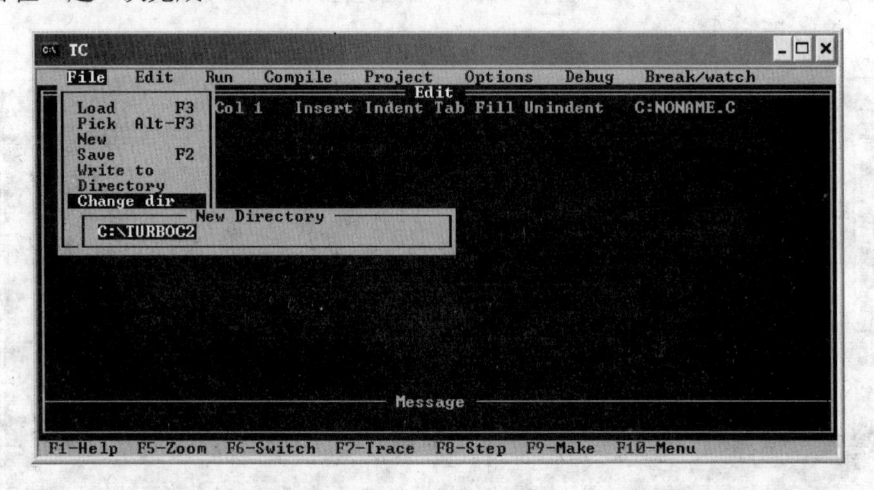

图 13.17 新目录输入

1. 编译

打开 Compile 菜单后按 Enter 键，即可产生一个编译菜单（见图 13.18）。

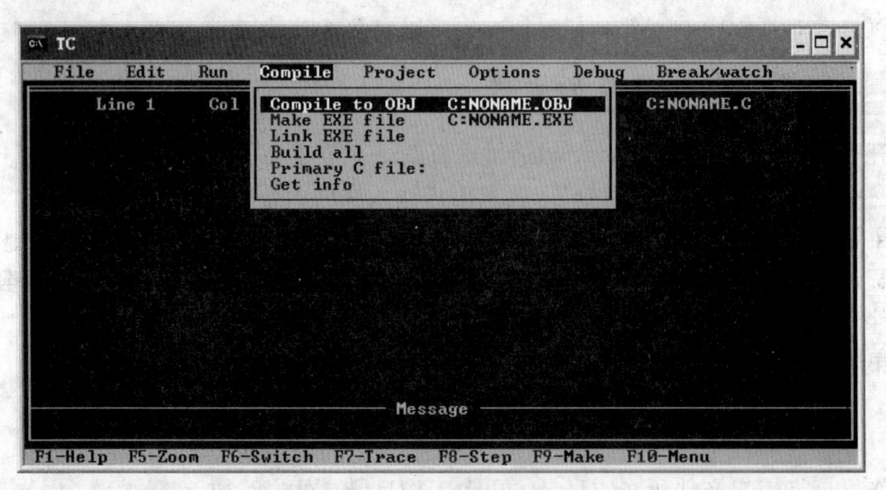

图 13.18 编译菜单

选择 Compile to OBJ 菜单命令，也可以用快捷键 F9 进行编译，生成目录文件。

2. 连接

有了目标文件后，还不能直接运行，还要将目标文件与系统文件提供的库函数和包含文件连接成一个可执行文件（.exe），才能运行。具体操作是选择 Compile→Link EXE file 菜单命令。

3. 运行

选择 Run→Run 菜单命令即可执行程序。

若想一次性地编译、连接和运行，则可用 Ctrl+F9 快捷键。

第14章

C 语言变量和表达式的使用

实验 14.1　整型变量、实型变量和字符型变量的使用

14.1.1　实验要求

（1）掌握整型、实型和字符型变量的使用方法；

（2）熟悉 C 语言中整型常量、实型常量和字符型常量的表达方式；

（3）了解 C 语言中输出函数 printf 的简单用法。

14.1.2　实验内容和步骤

（1）问题要求：

在 main( )函数中定义整型变量 a，实型变量 b 和字符型变量 c，分别将其赋值为 12、1.5 和'A'，用输出函数将三个变量的值输出。算法如图 14.1 所示。

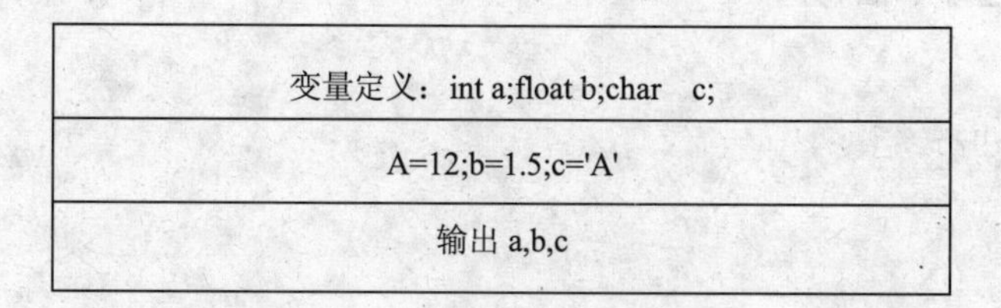

图 14.1　实验 14.1 的算法

（2）编写程序代码。

（3）保存程序代码。

（4）调试程序。

（5）保存程序。

思考题：

（1）变量类型和常量类型不相同时，可以给变量赋值吗？

（2）在 C 语言中变量可以不说明而直接使用吗？

实验 14.2　算术表达式、赋值表达式和逗号表达式的使用

14.2.1　实验要求

（1）掌握算术运算符的使用；
（2）掌握赋值表达式的使用；
（3）掌握逗号表达式的使用。

14.2.2　实验内容和步骤

（1）输入并运行下面的程序：

```
main( )
{int a,b,c,d,e;
char  s1,s2,s3;
a=100;
b=32;
c=a+b;
d=c/3;
e=a%b;
s1='a';
s2='b';
printf("%d , %d, %d\n",c,d,e);
printf("%c , %c\n",s1,s2);
}
```

（2）输入并运行下面程序：

```
main( )
{int i,j,m,n;
i=1.4;
j=10;
m=++i,j++;
printf("%d, %d, %d", i, j, m);
```

思考题：

（1）%运算符的作用是什么？
（2）++i 和 i++有什么区别？
（3）n=n+1 的含义是什么？

第15章

C程序三种控制结构的使用

实验15.1 顺序结构程序设计

(1) 掌握顺序结构程序设计的基本思想；

(2) 掌握C语言中常用的输入函数和输出函数的用法。

实验15.1.1 输出单个字符

输入下列程序代码，并运行。

```
#include  <stdio.h>
main()
{char  a,b,c;
  a='B'; b='Q' ;c='Y';
  putchar(a);putchar(b);putchar(c);
}
```

思考题：

(1) 若最后一行改为：

```
putchar(a);putchar('\n');putchar(b);putchar('\n');putchar(c);
```

则输出结果是什么？

(2) '\n'的作用是什么？

实验15.1.2 输入单个字符

输入下列程序代码，并运行。

```
#include  <stdio.h>
main()
{char  c;
  c=getchar();
  putchar(c);
}
```

思考题

（1）包含命令：#include <stdio.h>可以省略吗？为什么？

（2）getchar()能接受字符串“ab”吗？

实验 15.1.3　求三角形面积

实验要求

输入三角形的三边长度 a、b、c，求出三角形面积（假定三边能够构成三角形）。

三角形面积公式：$area = \sqrt{s(s-a)(s-b)(s-c)}$，其中 s=(a+b+c)/2。

算法分析

输入三角形三边长 a、b、c，先计算出周长 s，再代入三角形面积公式求出面积。其算法如图 15.1 所示。

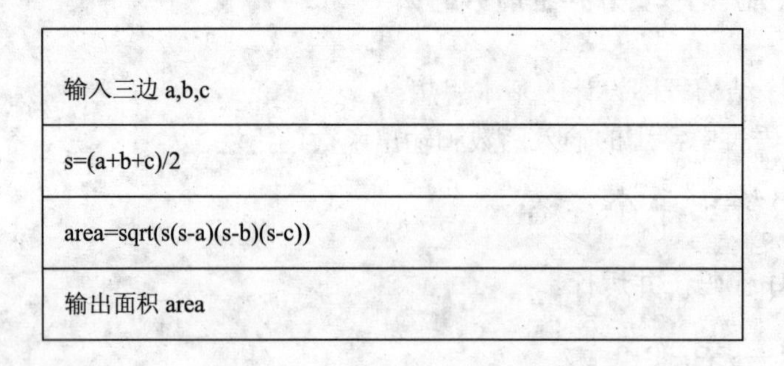

图 15.1　实验 15.1.3 的算法

实验 15.1.4　温度转换

实验要求

输入一个华氏温度，要求输出摄氏温度。公式为：$c = \frac{5}{9}(F-32)$，输出结果保留两位小数。

算法分析

用 scanf 函数输入华氏温度 F，代入转换公式即可。

实验 15.1.5　求方程根

实验要求

求 $ax^2 + bx + c = 0$ 方程的根。a，b，c 由键盘输入。

算法分析

根据判别式 $b^2 - 4ac$ 的值，求出一元二次方程 $ax^2 + bx + c = 0$ 的实根。具体算法如图 15.2 所示。

思考题：顺序结构程序执行的特点是什么？

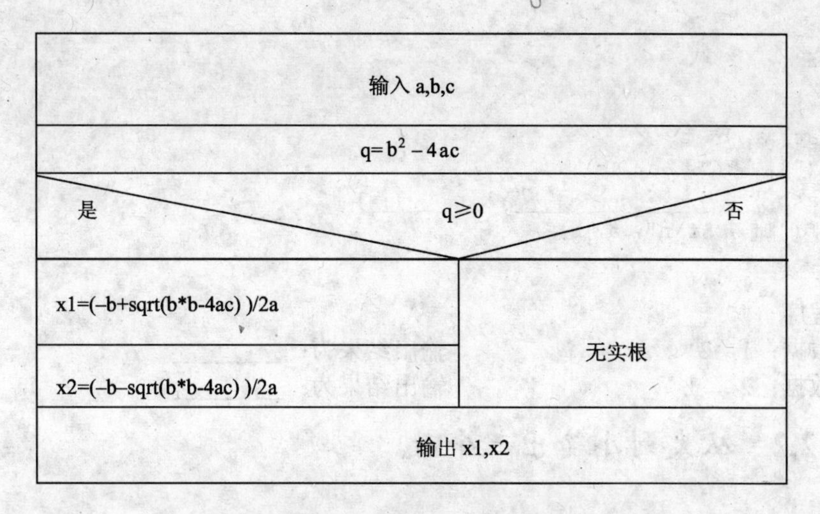

图 15.2　实验 15.1.5 的算法

实验 15.2　选择结构程序设计

（1）掌握 C 语言表示逻辑量的方法（用 0 代表“假”，用非 0 代表“真”）；

（2）学会正确使用逻辑运算符和逻辑表达式；

（3）熟练掌握 if…then…else 语句的用法；

（4）熟练掌握 switch 语句的用法；

（5）掌握一些简单的算法；

（6）学习调试程序。

实验 15.2.1　从大到小输出两个数

实验要求

输入两个数，按照从大到小的顺序输出。

算法分析

方法 1：用 a 和 b 代表输入的两个数，如果 a 大于 b 则先输出 a，后输出 b；否则先输出 b，后输出 a。

方法 2：a 和 b 表示输入的两个数，如果 a 小于 b 则 a 和 b 交换（保证 a 大于或等于 b，否则不交换。输出 a 和 b。

完善代码

方法 1：

```
main( )
{float  a, b;
scanf("%f, %f", &a, &b);
if (________) printf("%f , %f\n", a, b);
else  printf("%f , %f\n", b, a);
}
```

方法2：

```
main( )
{ float  a, b, t;
scanf("%f, %f", &a, &b);
if ( a<b ) { ______; _______; _______; }
printf("%f , %f\n", a, b);
}
```

调试程序

输入数据：1，2　　　　　　　　　输出结果为：________

输入数据：2 ，1　　　　　　　　 输出结果为：________

实验 15.2.2　从大到小输出三个数

实验要求

输入三个数 a，b，c，按由小到大的顺序输出。

算法分析

输出顺序为 a、b、c，即保证 a 值最大，b 中间，c 最小。方法如下：两两比较，先比较 a 和 b，如果 a<b，则 a 和 b 互换值，否则不交换。再比较 a 和 c，如果 a<c，则交换其值。此时，a 中值最大。再比较 b 和 c，如果 b<c，则交换，否则不交换。如图 15.3 所示。

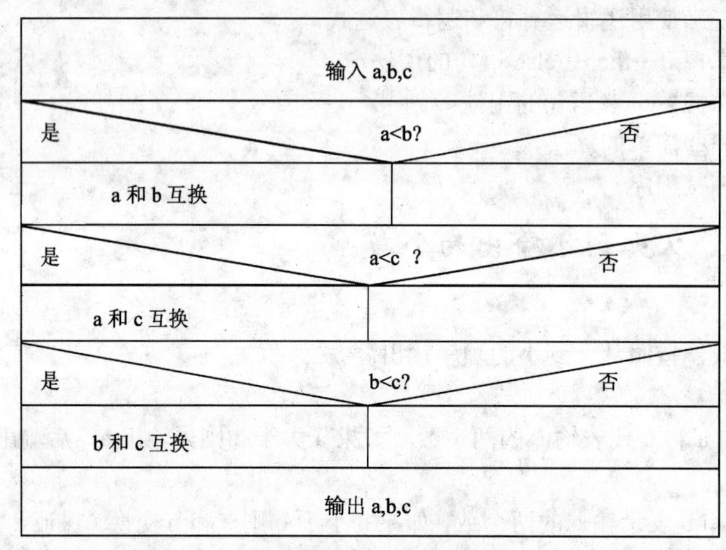

图 15.3　实验 15.3.2 的算法

调试程序

输入数据：　　1，2，3　　　　结果如何？

输入数据：　　3，2，1　　　　结果如何？

输入数据：　　3，1，2　　　　结果如何？

实验 15.2.3　求成绩等级

实验要求

给出一百分制成绩，要求输出成绩等级 A、B、C、D、E。90 分以上为 A，80~89 分为 B，70~79 分为 C，60~69 分为 D，60 以下为 E。

算法分析

用条件语句控制输入数据的范围，也可以用 switch 语句和 break 语句来控制输入数据范围。算法如图 15.4 所示。

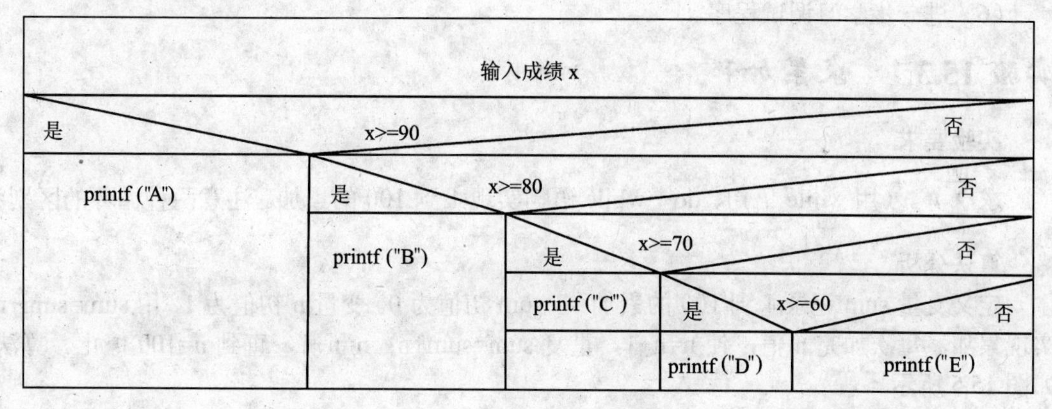

图 15.4　实验 15.2.3 的算法

实现代码

要求分别用 switch 语句和 if 语句两种方法实现。运行程序，并检查结果是否正确。

调试程序

输入分数为负值（如–90），这显然是输入错误，不应该给出等级。修改程序，使之能争取处理任何数据。当输入数据大于 100 或小于 0 时，通知用户“输入数据错误”，程序结束。

实验 15.2.4　求分段函数值

实验要求

有一函数：

$$y=\begin{cases} x & (x<1) \\ 2x-1 & (5\leqslant x<10) \\ 3x+4 & (10\leqslant x<15) \\ 90-5x & (15\leqslant x<20) \\ 80+3x & (x>60) \end{cases}$$

用 scanf 函数输入 x 的值，求 y 值。

略

调试程序

运行程序，输入 x 的值（分别为 x<1、5≤x<10、8<x<15、15≤x<20、x>60 五种情况），检查输出的 y 值是否正确。

实验 15.3　循环结构程序设计

（1）掌握 while 语句的使用方法；

（2）掌握 do…while 语句的使用方法；

（3）掌握 for 语句的使用方法；

（4）熟悉循环结构程序的执行特点；

（5）掌握在程序设计中用循环的方法实现一些常用算法；

（6）进一步学习调试程序。

实验 15.3.1　求累加和

实验要求

求$\sum_{n=1}^{100} n$。（用 while 语句、do…while 语句实现 1 到 100 的累加。注意两种循环的区别）

算法分析

定义变量 sum 记录 1 到 100 的累加和，sum 初值为 0。变量 n 初值为 1，用 sum=sum+n 实现累加，每次加完 n 值，使 n=n+1，重复 sum=sum+n；n=n+1，直到 n=100 停止。算法如图 15.5 所示。

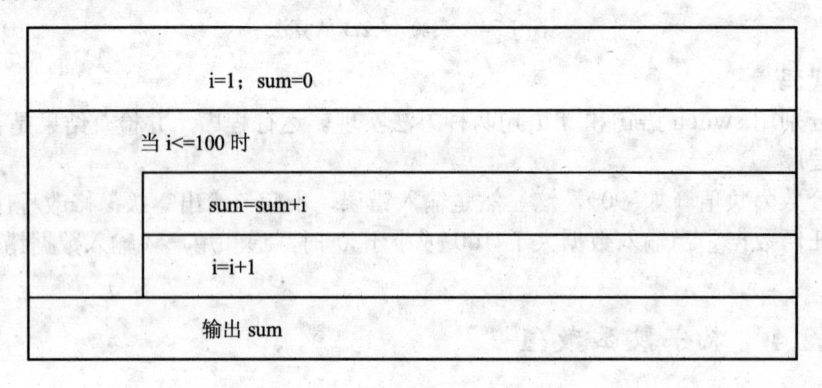

图 15.5　实验 15.3.1 的算法

实验 15.3.2　求两个数的最大公约数和最小公倍数

实验要求

输入两个正整数 m 和 n，求它们的最大公约数和最小公倍数。

算法分析

最大公约数：既能被 m 整除又能被 n 整除的最大整数 k。k 的范围：1～m 与 n 的较小数。

最小公倍数：既能整除 m 又能整除 n 的最小整数 k。k 的范围：m 与 n 的较大数~m*n。

实际上，最小公倍数=m*n/最大公约数。

最大公约数的另一种求法是“欧几里得法”，也叫“辗转相除法”。用 r 表示余数，r=m%n，如果 r<>0，则“m=n；n=r;”，再次求 r=m%n，重复以上步骤，直到 r=0 时停止，此时 n 为最大公约数。

用“辗转相除法”求 m 和 n 最大公约数和最小公倍数代码如下：（完善以下代码）

```
main( )
{int  p, r, n, m, k;
```

```
scanf("%d, %d", &m, &n);
p=m*n        /*保存 m*n 的积，以便求最小公倍数时使用*/
r=m%n;
while(________)      /*求 m 和 n 的最大公约数*/
    { ________ ;
      ________ ;
      ________ ;
}
printf("它们的最大公约数为：%d\n", ________ );
 k=________ ;
printf("它们的最小公倍数为：%d\n", k );
}
```

程序调试

在运行时，先输入的值 m>n，观察结果是否正确。再输入 m<n 的值，观察结果是否正确。

实验 15.3.3　不同字符统计

实验要求

输入一行字符，分别统计出其中的英文字母、数字和其他字符的个数。

算法分析

输入字符 c，如果是英文字母则符合条件 c>='a'　&&　c<='z' ||c>='A' && c<='Z'。如果为数字字符则满足条件：c>='0' && c<='9'。算法如图 15.6 所示。

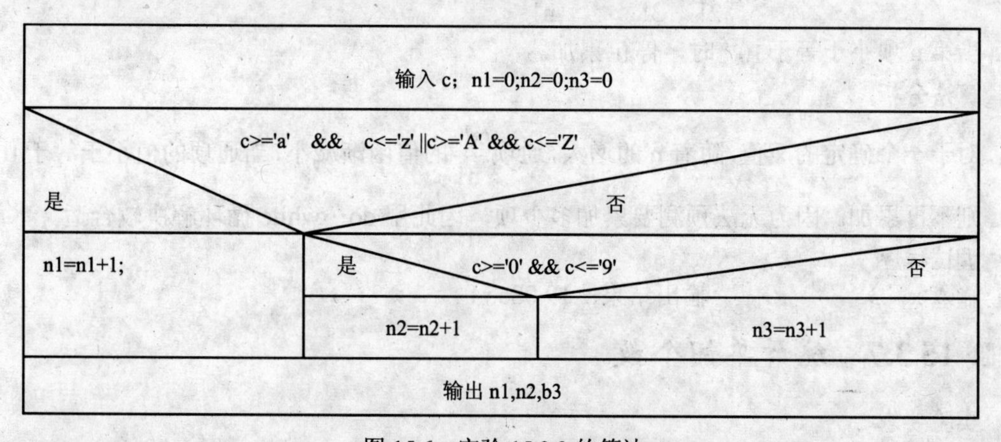

图 15.6　实验 15.3.3 的算法

调试程序

在得到正确结果后，请修改程序使之能分别统计大小写字母、空格、数字和其他字符的个数。

实验 15.3.4　用牛顿迭代法求方程根

实验要求

用牛顿迭代法求方程 $2x^3-4x^2+3x-6=0$ 在 1.5 附近的根。

算法分析

设要求解的方程为 f(x)=0，并已知一个不够精确的初始根 x_0，则有：

$$x_{n+1} = x_n - f(x_n)/f'(x_n) \qquad n=1，2，3，\cdots$$

上式称为牛顿迭代公式。式中，$f'(x)$ 是 f(x)的一阶导函数。利用迭代公式，可以依次求出 x_1、x_2、x_3 等，当 $|x_{n+1} - x_n| \leqslant \varepsilon$ 时的 x_{n+1} 即为要求的根。

调试程序

请输入 x 的初始值：0.5　　　　结果是：0.5671433

实验 15.3.5　二分法求方程根

实验要求

用二分法求方程 $x^3 - x^4 + 4x^2 - 1 = 0$ 在区间[0，1]上的一个实根。

算法分析

若方程 f(x)=0 在区间[a，b]上有一个实根，则 f(a)与 f(b)必然异号，即 f(a)*f(b)<0；设 c=(a+b)/2，若 f(a)*f(c)>0，则令 a=c，否则令 b=c。当 b–c 的绝对值小于或等于给定误差要求时，c 就是要求的根。

实验 15.3.6　求级数的值

实验要求

输入 x，求下列级数的值：

$$y = x + \frac{x^2}{2!} + \frac{x^3}{3!} + \cdots + \frac{x^n}{n!} + \cdots \qquad (n=1，2，3，\cdots)$$

当第 n 项小于等于 10^{-6} 时，停止累加。

算法分析

对于一个确定的 x 值，随着 n 的增大，通项 $\frac{x^n}{n!}$ 的值函渐减小，当通项的值小于等于 10^{-6} 时，则不再累加。因为无法预测要累加多少项，因此用 do…while 循环解决较合适。

调试程序

输入 x：3　　　　输出结果：19.08554

实验 15.3.7　统计单词个数

实验要求

输入一串字符文本，找出所有单词并统计单词的个数。假设字符串中只包含字母和空格，单词之间以空格分开。

算法分析

因为一个或多个连续的空格作为单词之间的分隔符，所以第一个非空格字符是一个单词的开始，而其后出现的第一个空格是单词的末尾，这两个空格之间的字符即为一个单词。

程序调试

输入：You are a good student　　　　输出结果：5

实验 15.3.8　加密解密

实验要求

分别将“A”到“Z”、“a”到“z”围成一圈。设原文和密文由大小写英文字母组成。

原文→密文的过程：将原文中的每个字符后面第 3 个字符作为密文字符，倒序后成密文。如原文是“AByz”，则密文是“cbED”。

密文→原文的过程：将密文中的每个字符前面第 3 个字符作为原文字符，倒序后成原文。如密文是“cbED”，则原文是“AByz”。

算法分析

将“a”到“z”围成一圈后，“z”后面的字符是“a”。同理将“A”到“Z”围成一圈后，“Z”后面的字符是“A”。加密时，“a”后面的第 3 个字符是“d”，…，“z”后面的第 3 个字符是“c”；“A”后面的第 3 个字符是“D”，…，“Z”后面的第 3 个字符是“C”。

实验 15.3.9　求勾股数

实验要求

求出 100 以内的勾股数。所谓勾股数，是指满足条件 $a^2+b^2=c^2$（$a \neq b$ 的自然数）。

算法分析

用“穷举法”分别搜索 a、b、c 在 1～100 之间满足条件的值，采用循环嵌套形式。

实验 15.3.10　找三位水仙花数

实验要求

找出所有三位水仙花数。所谓水仙花数，是指各位数字的立方和等于该数本身的数。

算法分析

算法如图 15.7 所示。

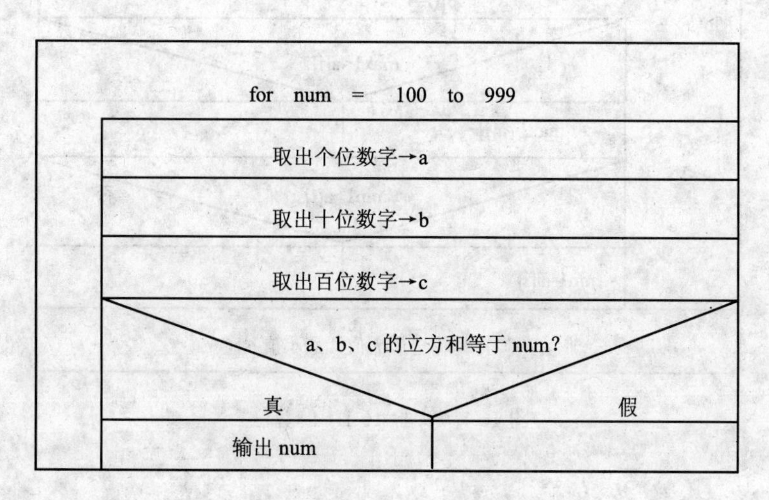

图 15.7　实验 15.3.10 的算法

第16章 数组的使用

实验 16.1　一维数组的使用

实验 16.1.1　求最大值、最小值

实验要求

输入 10 个数，找出其中的最大值和最小值。

算法分析

设变量 max1 和 min1 分别存放最大值和最小值。首先将 10 个数存放在 a 数组中，将 a[1]分别赋给 max1 和 min1，然后将 a[2]~a[10]的值依次与 max1 和 min1 进行比较，如果发现某个元素大于 max1，将其赋给 max1；如果发现某个元素小于 min1，将其赋给 min1。全部比较结束后，max1 和 min1 中数就是这 10 个数中的最大值和最小值，如图 16.1 所示。

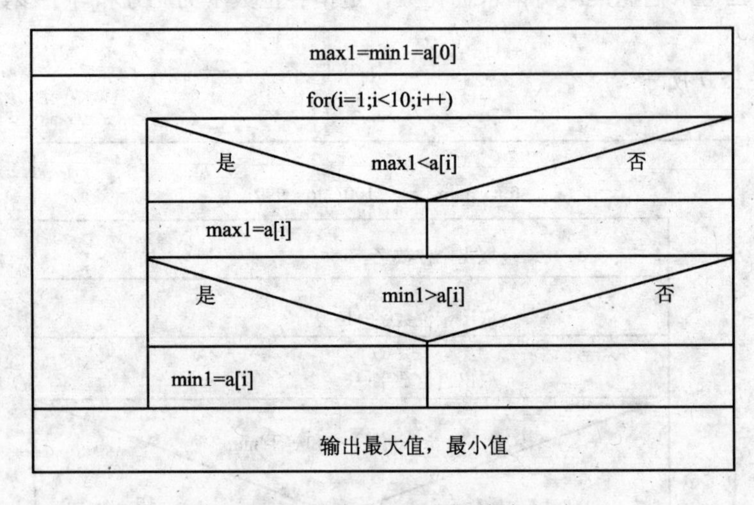

图 16.1　实验 16.1.1 的算法

实验 16.1.2　一维数组排序 1

实验要求

用起泡法对 10 个数由小到大排序。

算法分析

将相邻的两个数进行比较，将小的调到前面。如果有n个数，则要进行n–1轮比较。在第1轮比较中要进行n–1次相邻的两个数比较，结果将最大的数调到最后位置。在第2轮比较中要进行n–2次比较，最后一个数不参加比较，比较范围从第1个数开始到第n–1个数结束。比较结果是第二大的数调到倒数第2个位置，以此类推，比较范围缩小到只有1个数的时候停止比较，即得到排序结果。可以用两重嵌套的for循环实现，外层循环控制比较的轮数，内层循环控制每一轮中比较的次数。注意，每轮比较的次数是依次递减的，算法如图16.2所示。

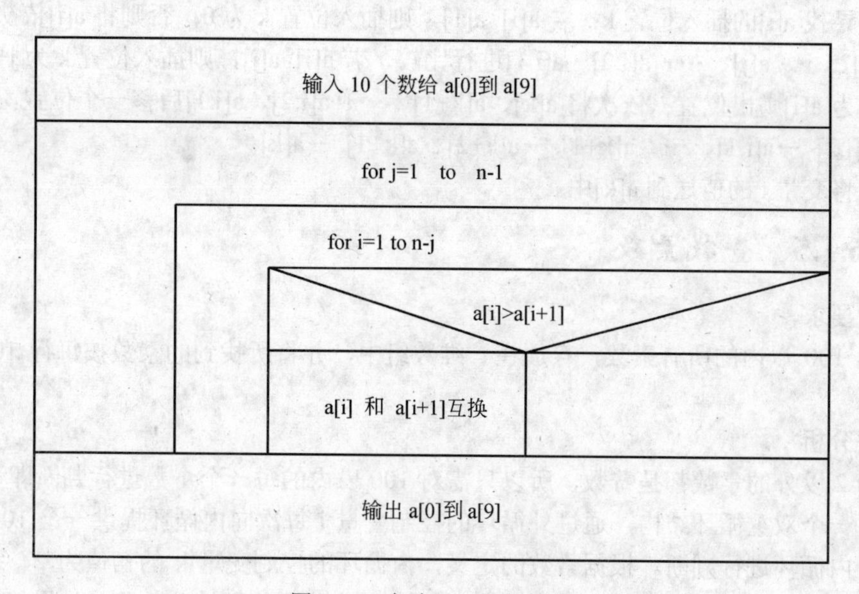

图16.2　实验16.1.2的算法

实验16.1.3　一维数组排序2

实验要求

用选择法对10个数进行从小到大排序。

算法分析

设在数组a中存放n个无序的数，要将这n个数按升序重新排列。第一轮比较：用a[1]和a[2]进行比较，若a[1]>a[2]，则交换这两个元素中的值，然后继续用a[1]和a[3]比较，若a[1]>a[3]，则交换这两个元素中的值，依次类推，直到a[1]与a[n]进行比较处理后，a[1]中就存放了n个数中的最小数。

第二轮比较：用a[2]依次与a[3]、a[4]、…、a[n]进行比较，处理方法相同，每次比较总是取小的数放到a[2]中，这一轮比较结束后，a[2]中存放n个数中第2小的数。

……

第n–1轮比较：用a[n–1]与a[n]比较，取小者放到a[n–1]中，a[n]中的数则是n个数中的最大的数。经过n–1轮比较后，n个数已按从小到大次序排好了。

实验 16.1.4　一维数组排序 3

实验要求

用插入法对 10 个数进行从小到大排序。

算法分析

设数组 a 存放了 10 个数据，首先将 a[1]作为一个已排好序的子数列，然后依次将 a[2]、a[3]、a[4]、…、a[10]插入到已排序的子数列中。插入元素 a[i]的步骤如下：

（1）将 a[i]的值保存到变量 t 中。

（2）寻找 a[i]的插入位置 k：若 a[i]<a[1]，则插入位置 k 为 0；否则将 a[i]依次与 a[1]、a[2]、a[3]、…、a[j]、…、a[i.2]、a[i.1]进行比较，若 a[i]>a[j]，则插入位置 k 为 j+1。

（3）为 a[i]腾出位置：依次将 a[k]、a[k+1]、…、a[i.2]、a[i.1]后移一个位置，即 a[i.1] →a[i]、a[i.2] →a[i.1]、…、a[k+1] →a[k+2]、a[k+1] →a[k]。

（4）将变量 t 的值送到 a[k]中。

实验 16.1.5　查找素数

实验要求

找出 100 以内的所有素数，存放在一维数组中，并将所找到的素数按每行 10 个数的形式输出。

算法分析

因为 2 以外的素数都是奇数，所以只需对 100 以内的每一个奇数进行判断即可。本程序采用了一个双重循环结构，通过外循环的控制变量 i 每次向内循环提供一个 100 以内的奇数，让内循环进行判断。根据素数的定义，内循环的控制变量 k 的初值为 2，终值为外循环的控制变量 i 的平方根，步长为 1；在内循环中判断 i 能否被 k 整除，如果能整除，则表明 i 不是素数，就用 break 语句强制退出内层循环。如果内层循环正常结束，则说明除了 1 和 i 本身外没有其他数能整除 i，i 是一个素数。利用循环正常结束时，循环控制变量的值总是超出循环终值的特性，在内循环的外面判断循环的控制变量 k 是否大于内循环的终值，从而就能确定 i 的值是否为素数。

实验 16.1.6　报数问题

实验要求

给 10 名学生编号 1~10，按顺序围成一圈，1~3 报数，凡报到 3 者出列，然后继续，直到所有学生都出列，按顺序输出出列学生的编号。

算法分析

定义一个学生编号的数组 NO，下标从 1 开始到 10，其中下标 1 对应编号为 1 的学生，下标 2 对应编号为 2 的学生，……，下标 10 对应编号为 10 的学生。将数组中所有元素的值初始化为 1，如果某学生出列，则对应下标的元素值赋为 0。

报数的过程即为将对应数组元素相加的过程，每当和为 3 时，就将该元素的值置为 0，同时将圈中学生的总数减 1，直到圈中无学生为止。

实验 16.2　二维数组的使用

实验 16.2.1　求二维数组元素的和

实验要求

设有一个 5×5 的二维数组，求：

（1）所有元素的和；

（2）主对角线元素之和；

（3）副对角线元素之和；

（4）所有靠边元素之和。

算法分析

用二重循环控制二维数组的每个元素，循环控制变量 i 和 j 分别作为数组元素的行、列下标，当 i= =j 时，a[i][j]表示的是主对角线上的元素；当 i+j= =4 时，a[i][j]表示的是副对角线上的元素。

实验 16.2.2　矩阵转置

实验要求

将一个 3×4 的二维数组 a 的行和列元素互换，互换后仍存放在 a 数组中。

算法分析

用二重 for 循环控制数组的行和列下标，设行和列下标分别为 i 和 j，外层循环变量 i 从 0 到 2，内层循环变量 j 从 0 到 i（注意：不是 3），然后 a[i][j]和 a[j][i]互换，循环结束，即行列互换结束，矩阵转置成功。

思考题

（1）内层循环变量，即列下标 j 为什么不从 0 到 3？

（2）内层循环变量，即列下标 j 从 i 到 3 可以吗？

实验 16.2.3　求二维数组中的最大值和最小值

实验要求

有一个 4×4 的方阵，求出其中的最大值和最小值，以及它们的行号和列号，即位置。

算法分析

本实验算法 N-S 流程图如图 16.3 所示。

实验 16.2.4　找马鞍点

实验要求

找出一个 m×n 数组的“马鞍点”。所谓“马鞍点”，是指一个在本行中值最大，在本列中值最小的数组元素。若找到了“马鞍点”，则输出“马鞍点”的行号和列号；若数组不存在“马鞍点”，则输出“马鞍点不存在”。

算法分析

判断对象是数组中的每一个元素，从第一个元素开始，判断其是否为本行中的最大值，若是最大值，再判断此元素是否为本列中的最小值，若是则输出此元素的行、列下标，即位置和该元素的值，然后取下一个元素进行判断。如果该元素是行中最大值但不是列中最小值，则不符合“马鞍点”条件，取下一个元素继续判断。如果该元素不是本行中最大值，则直接取下一个元素，不用再判断其是否为行中最小值，如图 16.4 所示。

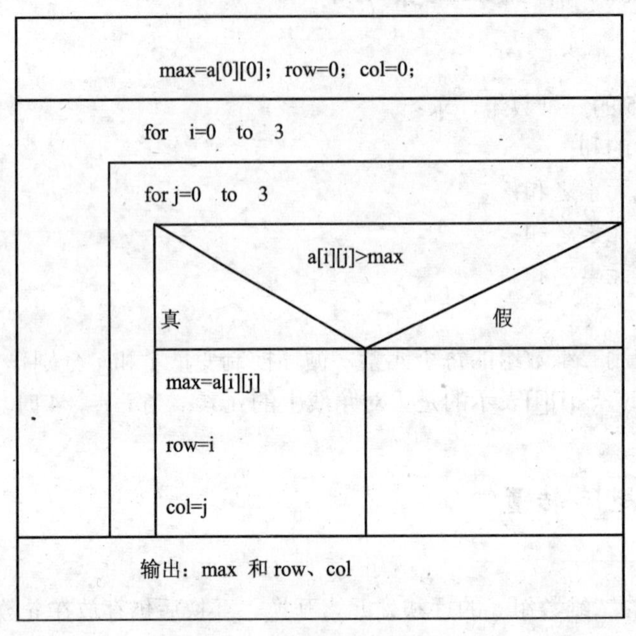

图 16.3 实验 16.2.3 的算法

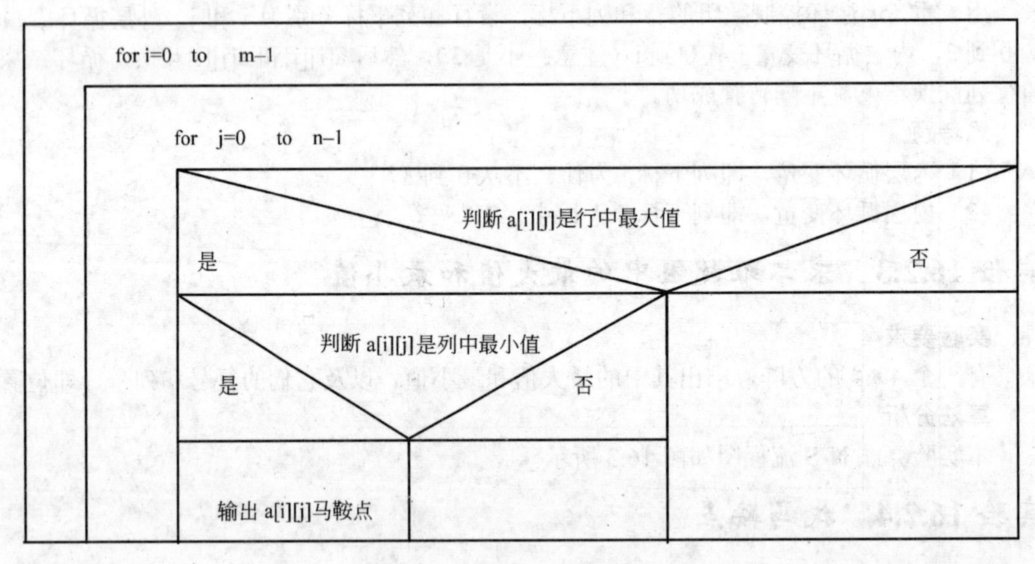

图 16.4 实验 16.2.4 的算法

实验 16.2.5 打印魔方阵

实验要求

打印 N（N 为奇数）阶魔方阵。魔方阵是由 1~N^2 个自然数组成的奇次方阵（N 是一个奇数），方阵的每一行、每一列及两条对角线上的元素和相等。

魔方阵的编排规律如下（假定魔方阵阵名为 A）：

（1）1 放在最后一行的中间位置。即 I=N，J=(N+1)/2，A[I][J]=1。

（2）下一个数放在前一个数的右下方，即 A[I+1][J+1]。

① 若 I+1>N，且 J+1≤N，则下一个数放在第一行的下一列位置。

② 若 I+1≤N，且 J+1>N，则下一个数放在下一行的第一列位置。

③ 若 I+1>N，且 J+1>N，则下一个数放在前一个数的上方位置。

④ 若 I+1≤N，J+1≤N，但右下方位置已存放数据，则下一个数放在前一个数的上方。

（3）重复第（2）步，直到 N^2 个数都放入方阵中。

图 16.5 是一个 3 阶魔方阵的示例。

4	9	2
3	5	7
8	1	6

图 16.5　3 阶魔方阵

算法分析

本实验算法的 N-S 流程图如图 16.6 所示。

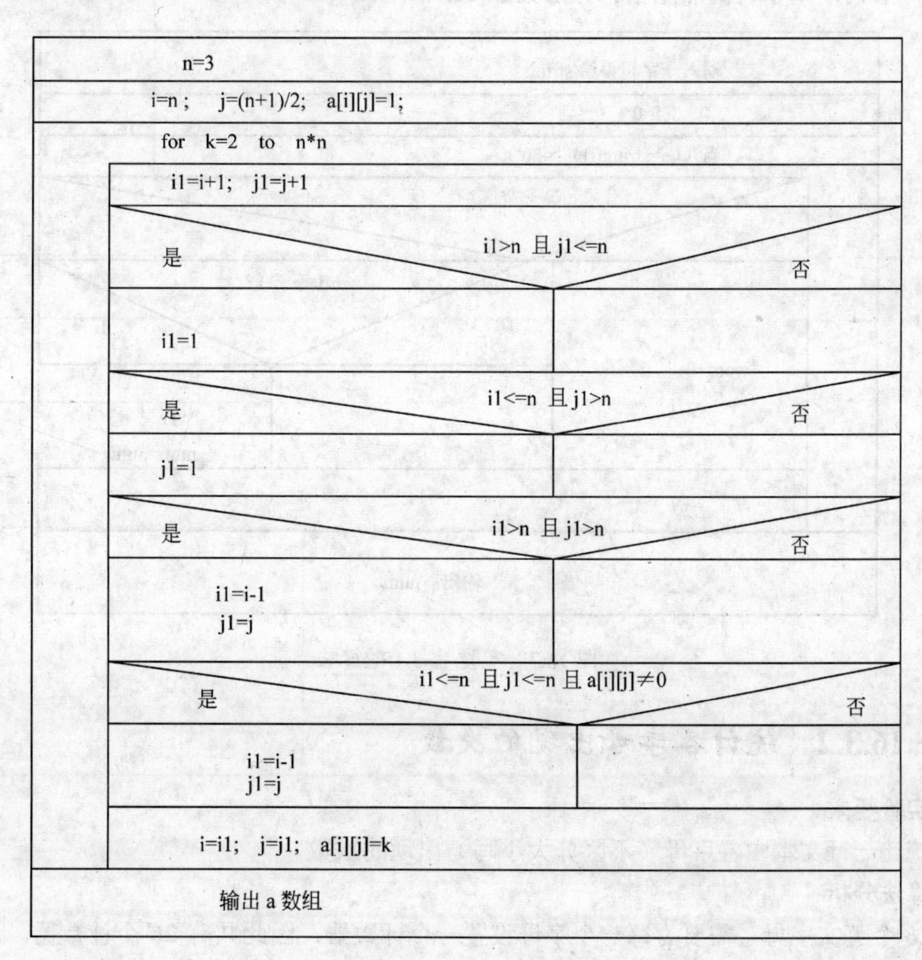

图 16.6　实验 16.2.5 的算法

实验 16.3 字符数组的使用

实验 16.3.1 统计单词个数

实验要求

输入一行字符，统计其中有多少个单词，单词之间用空格分开。

算法分析

单词的数目可以由空格出现的次数决定（连续的若干个空格作为出现一次空格；一行开头的空格不统计在内）。如果测出某一个字符为非空格，而它的前面的字符是空格，则表示“新单词开始了”，此时使 num（单词数）累加 1。如果当前字符为非空格而其前面的字符也是非空格，则意味着仍然是原来那个单词的继续，num 不累加 1。前面一个字符是否空格可以从 word 的值看出来，若 word 等于 0，则表示前一个字符是空格；如果 word 等于 1，意味着前一个字符为非空格。算法如图 16.7 所示。

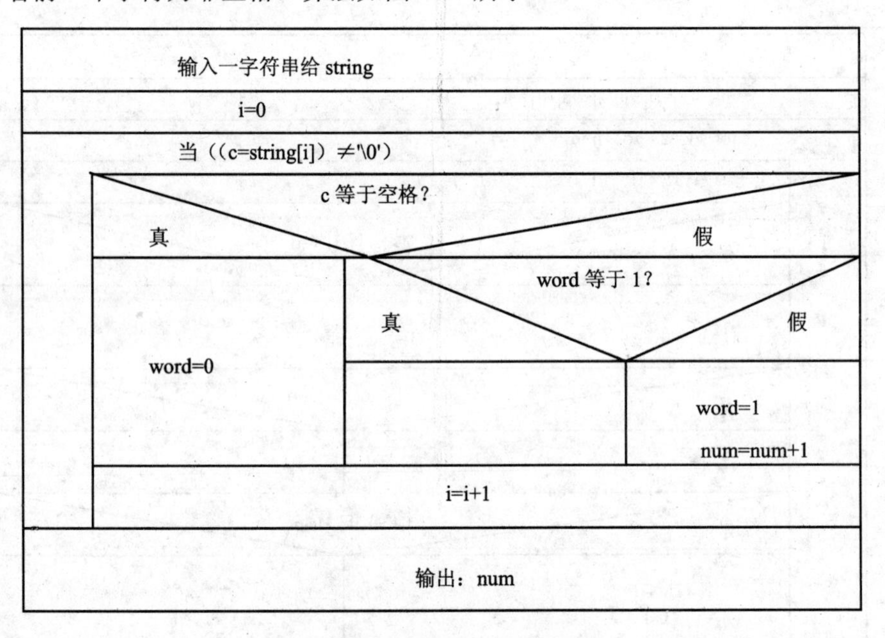

图 16.7 实验 16.3.1 的算法

实验 16.3.2 统计各字母出现的次数

实验要求

统计一行文本中各字母（不区分大小写）出现的次数。

算法分析

26 个英文字母，需要为每一个字母设置一个计数器，因此共有 26 个计数器，用一维数组 Count 表示。将 Count 数组中下标的下届设定为 65，上界设定为 90，其中 Count[65]用于存放字母“A”出现的次数，Count[66]用于存放字母“B”出现的次数，……，Count[90]

用于存放字母“Z”出现的次数，65～90正好与大写字母“A”到“Z”ASCII码对应。

具体方法：逐个取出文本的字符，若此字符为字母，则将其转换为大学字母，再求出其ASCII码，然后将Count数组下标与此字符ASCII码相同的数组元素的值累加1。

实验 16.3.3 字符串排序

实验要求

有10个字符串，要求将其由小到大排序。

算法分析

用选择法或冒泡法排序。

实验 16.3.4 字符串复制

实验要求

编写一个程序，将字符数组s2中的全部字符复制到字符数组s1中。不用strcpy函数。复制时，“\0”也要复制过去，“\0”后面的字符不复制。

算法分析

本实验算法的N-S流程图如图16.8所示。

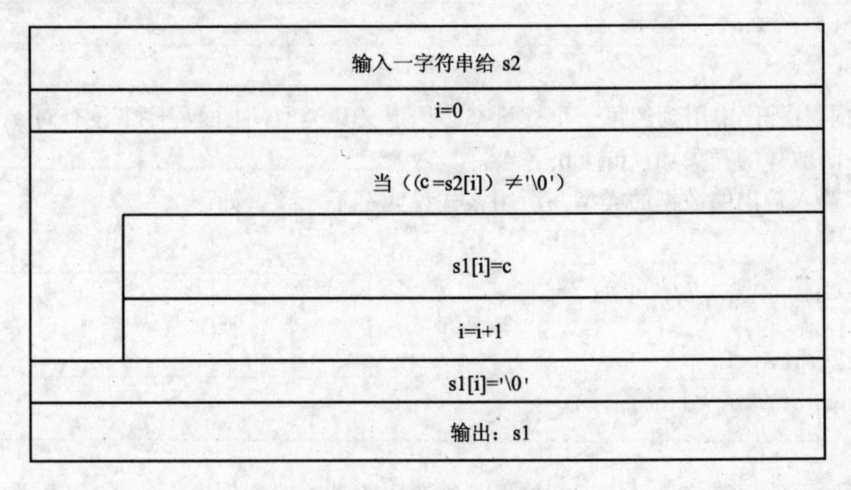

图 16.8 实验 16.3.4 的算法

第 17 章

常见错误分析和程序调试

17.1 常见错误分析

（1）忘记定义变量。如：

```
main()
{a=1;b=2;
printf("%d\n",a+b);
}
```

C 要求对程序中用到的每一个变量都必须定义其类型，上面程序中没有对 a、b 进行定义。应在函数体的开头加：int a,b;

（2）输入输出的数据的类型与所用格式说明符不一致。如：

```
main()
{int a;
   float  b;
   a=3;b=4.5;
   printf("%f,%d\n",a,b);
}
```

编译时不给出错信息，但运行结果与原意不符，输出为：

```
0.000000, 16402
```

它们不是按照赋值规则转换，而是将数据在存储单元中的形式按格式符的要求组织输出（如 b 占 4 个字节，只把最后两个字节中的数据按“%d”作为整数输出）。

（3）未注意 int 型数据的数值范围。

一般微型机使用的 C 编译系统，对一个整型数据分配两个字节。因此一个整型数据的范围为-2^{15}～$+2^{15}-1$，即–32 768～32 767。例如：

```
int n;
n=89101;
printf("%d",n);
```

结果：23565

原因是 89 101 已超过 32 767。两个字节容纳不下 89 101，则将高位截去，如图 17.1 所示。

89 101：	00　00　00　00	00 00 00 01	01 01 11 00	00 00 11 01
23 565：			01 01 11 00	00 00 11 01

图 17.1　内存中数的存储

有时还会出现负数。例如：

```
m=196607;
printf("%d",m);
```

结果：–1。因为 196 607 的二进制形式如图 17.2 所示。

00 00 00 00 00 00 00 10	11 11 11 11 11 11 11 11

图 17.2　196 607 的二进制存储

去掉高位 10，低 16 位的值是–1（–1 的补码是：1111111111111111）。

对于超范围的数，要用 long 型，即改为：

```
long int n;
n=89101;
printf("%ld",n);
```

注意，如果只定义 n 为 long 型，而输出时仍用“%d”说明符，仍会出现以上错误。

（4）输入变量值时忘记使用地址符“&”，如：

```
scanf("%d%d",a,b);
```

这是许多初学者容易出现的错误。应写成：scanf("%d%d",&a,&b)。

（5）输入数据的格式与要求不符。如：

```
scanf("%d%d",&a,&b);
```

错误格式输入的数据：

```
3,4 ↙
```

按照 scanf 语句的格式规定，数据之间应该用空格分隔。正确的输入格式：

```
3  4↙
```

如果 scanf 函数是：scanf("%d，%d",&a,&b);

则：

```
3,4↙
```

输入格式是正确的。

（6）误把“=”作为“比较等”运算符。

在C语言中，“=”是赋值运算符，“= =”才是关系运算符“等于”。如写成：

```
If(a=b) printf("%d",a);
```

C编译系统将“a=b”作为赋值表达式处理，将b的值赋给a，然后判断a的值是否为0，若为非0，则作为“真”；否则作为“假”。

这种错误在编译时检查不出来，但运行结果是错误的。

（7）语句后面漏分号。

C语言规定语句末尾必须加分号“;”。分号是C语句结束的标志。在C语言中没有分号就不是语句。

（8）在不该加分号的地方加了分号，如：

```
if(a>b);
    printf("%d",a);
```

本意为当a>b时输出a的值。但由于在“if(a>b)”后加了分号，因此if语句到此结束。即当a>b为真时，执行一个空语句。而无论当a>b还是a<b时，都输出a的值。因为输出语句不受if语句约束了。再如：

```
for(i=0;i<10;i++);
{   scanf("%d",&x);
    printf("%d\n",x*x);
}
```

本意为先输入10个数，每输入一个后求出它的平方值。由于在for( )后加了一个分号，使循环体变成了空语句。只能输入一个整数，再求出它的平方值。

总之，在if、for、while语句中，不要画蛇添足，多加分号。

（9）对应有花括号的复合语句，没加花括号。如：

```
sum=0;
i=1;
while (i<=100)
    sum=sum+i;
    i++;
```

本意是实现1+2+3+…+100，但上面的语句只是重复了sum=sum+i的操作，而且循环永不停止，因为i的值没有增加。错误在于没有写成复合语句形式。因此，while语句的范围到其后第一个分号为止。语句“i++;”不属于循环体范围之内。应该为

```
while(i<=100)
    {sum=sum+i;
    i++;
    }
```

（10）括号不配对

当一个语句中使用多层括号时常出现这类错误，纯属粗心所致。如：

```
while((c=getchar()!='#')
    putchar(c);
```

少了一个右括号。

（11）在用标识符时，没注意大写字母和小写字母的区别。例如：

```
void  main()
{int  a,b,c;
a=2;b=3;
C=a+b;
printf("%d,%d,%d", a,B,C);
}
```

编译出错。编译时把 c 和 C、b 和 B 认为是两个不同的变量名。

（12）引用数组元素时误用了圆括号。如：

```
void main()
{int  i, a[10];
for(i=0; i<10; i++)
    scanf("%d", &a(i));
}
```

C 语言中对数组定义或引用数组元素时必须使用方括号。

（13）在定义数组时，将定义的“元素个数”误认为是“可使用的最大下标值”。如：

```
void main()
{int a[5]={1,2,3,4,5};
int i;
for(i=1;i<=5;i++)
    printf("%d",a[i]);
}
```

想输出 a[1]到 a[5]。这是初学者常犯的错误。C 语言定义时用 a[5]，表示 a 数组有 5 个元素，而不是可以用的最大下标值为 5。数组包括 a[0]到 a[4]这 5 个元素。

（14）误以为数组名代表数组中的全部元素。例如：

```
void main()
{int a[4]={1,2,3,4};
printf("%d%d%d%d",a);
}
```

企图用数组名代表全部元素。在 C 语言中，数组名代表数组首地址，不能通过数组名输出 4 个元素。

（15）在引用指针变量前没有对它赋予确定的值。如：

```
void main()
{char  *p;
scanf("s%s",p);
}
```

没有给指针变量 p 赋值就引用它，编译时给出警告信息。应该为：

```
char  *p,c[20];
p=c;
scanf("%s",p);
```

即先根据需要定义一个大小合适的字符数组 c，然后将 c 数组的首地址赋给指针变量 p，此时 p 指向数组 c，把从键盘输入的字符串存放到字符数组 c 中。

（16）switch 语句的各分支中漏写 break 语句。如：

```
switch(score)
{case  5:printf("very good! ");
case   4:printf("good!");
case   3:printf("pass!");
case  2:printf("fail!");
defaule:printf("data  error!");
}
```

上述 switch 语句的作用是希望根据 score(成绩)输出评语。但当 score 的值为 5 时，输出为

```
very good! good! pass! fail! data  error!
```

原因是漏写了 break 语句。“case　5:”后面的 case 只起标号作用，而不是判断作用。应该为：

```
switch(score)
{case  5:printf("very good!");break;
case   4:printf("good!");break;
case   3:printf("pass!");break;
case  2:printf("fail!");break;
defaule:printf("data  error!");break;
}
```

（17）混淆字符和字符串的表达形式。如：

```
char  sex;
sex="M";
```

“M”是字符串，它包括两个字符：'M'和'\0'，无法存放在字符变量中。

（18）所调用的函数在调用语句之后定义，而在调用前没有声明。如：

```
void main()
```

```
{float  x,y,z;
x=3.5;y=-7.6;
z=max(x,y);
printf("%f\n",z);
}
float  max(float x,float  y)
{return(z=x>y?x:y);}
```

此程序在编译时出错。改错方法有以下两种：

① 在 main 函数中增加一个对 max 函数的声明，即函数的原型：

```
void main()
{float  max(float,float);/*声明将要调用到的 max 函数为实型*/
float  x,y,z;
x=3.5;y=-7.6;
z=max(x,y);
printf("%f\n",z);
}
```

② 将 max 函数的定义位置调到 main 函数之前。即：

```
float  max(float x,float  y)
{return(z=x>y?x:y);}
void main()
{float  x,y,z;
x=3.5;y=-7.6;
z=max(x,y);
printf("%f\n",z);}
```

（19）在需要加头文件时没有用#include 命令去包含头文件。如：

```
#include"stdio.h"
void main()
{float x,y=-2,7;
  x=fabs(y);
printf("%f",x);
}
```

程序中用到 fabs 函数，没有用#include <math.h>。

（20）误认为形参值的改变会影响实参的值。如：

```
    void main()
    {void  swap(int,int);
    int a,b;
    a=3;b=4;swap(a,b);
    printf("%d,%d\n",a,b);
    }.
void swap(int x,int y)
```

```
{int t;
t=x;x=y;y=t;
}
```

原意是通过调用 swap 函数使 a 和 b 的值对换，然后在 main 函数中输出已对换了的值的 a 和 b。但结果不是这样，因为 x 和 y 的值的变化是不传回实参 a 和 b 的，main 函数中的 a 和 b 的值并未改变。

如果想从函数得到一个以上变化了的值，应该用指针变量。用指针变量作为函数的参数，使指针变量所指向的变量的值发生变化。此时变量的值改变了，主调函数中可以利用这些已改变的值。如：

```
void main()
{void swap(int  *,int *);
int a,b,*p1,*p2;
a=3;b=4;
p1=&a;p2=&b;
swap(p1,p2);
printf("%d,%d\n",a,b);
}
void  swap(int *pt1,int *pt2)
{int  t;
t=*pt1;*pt1=*pt2;*pt2=t;
}
```

（21）函数的实参和形参类型不一致。如：

```
void  main()
{int fun(float,float);
float a=3.5,b=4.6,c;
c=fun(a,b);
…
}
int fun(int x,int y)
{
…
return(x+y);
}
```

实参 a、b 为 float 型，但形参却为 int 型。C 语言要求实参与形参的类型一致。

（22）不同的指针混用。例如：

```
void main()
{int i=3,*p1;
float  a=1.5,*p2;
p1=&i;p2=&a;
p2=p1;
```

```
printf("%d,%d\n",*p1,*p2);
}
```

企图使 p2 也指向 i，但 p2 是指向实型变量的指针，不能指向整型变量。指向不同类型的指针间的赋值必须进行强制类型转换。如：

```
p2=(float *)p1;
```

先将 p1 的值转换成指向实型的指针，然后再赋给 p2。

（23）没有注意函数参数的求值顺序。如：

```
i=3;
printf ("%d,%d,%d\n",i,++i,++i);
```

许多人认为输出结果是：3,4,5，但实际输出是：5,5,4。

因为系统是采取自右至左的顺序求函数参数的值。先求出最右边的一个参数（++i）的值为 4，再求出第 2 个参数（++i）的值为 5，最后求出最左面的参数 i 的值为 5。

C 标准没有具体规定函数参数求值的顺序是自左而右，还是自右而左。但每个 C 编译程序都有自己的顺序，在有些情况下，从左往右求解和从右往左求解的结果是相同的。如：

```
fun1(a+b,b+c,c+a);
```

（24）混淆数组名与指针变量的区别。如：

```
void main()
{int  i,a[5];
for(i=0;i<5;i++)
  scanf("%d",a++);
  …
}
```

企图通过 a 的改变使指针下移，每次指向欲输入数据的数组元素。它的错误在于不了解数组名代表数组的首地址，它的值是不能改变的，用 a++是错误的，应该用指针变量来指向各数组元素。即：

```
int  i,a[5],*p;
p=a;
for(i=0;i<5;i++)
     scanf("%d",p++);
```

或

```
int a[5],*p;
for(p=a;p<a+5;p++)
     scanf("%d",p);
```

以上列举了一些初学者常出现的错误，这些错误大多是对于 C 语法不熟悉造成的。对 C 语言使用多了，熟悉了，犯这些错误的机会就少了。在深入学习 C 语言后，还会出现其他的一些更深入、更隐蔽的错误。

程序出错有3种情况：

（1）语法错误。指不符合C语法规定，对这类错误，编译程序一般都能给出“出错信息”，并且告诉在哪一行出错。

（2）逻辑错误。程序遵守C语法规定，但程序执行结果出错。这是由于程序设计人员设计的算法有错或编写程序有错，通知给系统的指令与解题的原意不相同，即出现了逻辑上的混乱。例如求1+2+3+…+100时用以下代码：

```
sum=0;i=1;
while(i<=100)
  sum=sum+i;
  i++;
```

语法没错。但while语句通知给系统的是当i≤100时，执行“sum=sum+i;”，C系统无法辨别程序中这个语句是否符合作者的原意，而只能执行这一指令。这种错误比语法错误更难检查。

（3）运行错误。程序既无语法错误，也无逻辑错误，但在运行时出现错误，甚至停止运行。如：

```
int a,b,c;
scanf("%d%d",&a,&b);
c=b/a;
printf("%d\n",c);
```

如果输入a的值为0，就会出现错误。因此程序应能适应不同的数据，或者说能经受各种数据的“考验”，具有“健壮性”。

写程序容易，调试程序难。有时候一个小错误会引起连锁反应，造成多处错误，而只需改正一个错误，其他连锁反应引起的错误也消失了。发现和排除错误是比较困难的，需要读者通过实践掌握调试程序的方法和技巧。

17.2 程序调试

程序调试是指对程序的查错和排错。

调试程序一般经过以下几个步骤：

（1）先进行人工检查，即静态检查。

当把程序代码输入到计算机中后，先不要着急运行，而应对程序进行人工检查。这一步十分重要，它能发现程序设计人员由于疏忽而造成的多数错误。而这一步往往被人忽视。有人希望让计算机检查错误，这样会多占用计算机时间。而且，作为一个程序人员应当养成严谨的科学作风，每一步严格把关，不把问题留给后面。

（2）在人工静态检查无误后，才开始调试。

在编译时给出的语法错误，可以根据提示的信息具体找出程序中的出错之处并改正之。应该注意的是：有时提示的出错行并不是真正出错行，如果在提示出错的行上找不到错误，应该在其上下再找。另外，有时提示出错的类型并非绝对准确，由于出错的情况繁多而且各种错误互有关联，因此要善于分析，找出真正的错误，而不要只从字面意义上死扣出错信息，钻牛角尖。如果系统提示的出错信息多，应该从上到下逐一改正。

（3）通过试运行程序查错。

在改正语法“错误”（error）和“警告”（warning）后，程序经过连接（link）就得到可以执行的目标程序。运行程序，输入程序所需数据，就可以得到运行结果。应该对运行结果作分析，看它是否符合要求。

有时，数据比较复杂，难以立即判断结果是否正确。选择典型的“测试数据”，输入这些数据就容易判断出结果是否正确。

（4）根据运行结果，排查逻辑错度。

运行结果不正确，大多属于逻辑错误。对这类错误需要仔细检查和分析才能发现。办法如下：

① 将程序与算法仔细对照，如果算法是正确的，程序写错了，是容易找到的错误的。

② 采用“分段检查”的方法。在程序不同的位置设几个 printf 语句，输出有关变量的值，逐段往下查，直到找到在某一段中数据不对为止。这时就把错误范围缩小在这一段中了。不断缩小“查错区”，就可以发现错误所在。

③ 如果在程序中没有发现问题，就要检查算法是否有问题，如果有则改正，然后再修改程序。

④ 有的系统还提供 debug（调试）工具，跟踪流程并给出相应信息，使用更为方便，请查阅相关手册。

总之，程序调试是一项细致困难的工作，需要下工夫、动脑子、积累经验。在程序调试过程中可以反映一个程序员的设计水平、经验和态度。上机调试程序的目的不仅仅是为了验证程序的正确性，更是为了掌握程序调试的方法和技术。

第18章 函数的使用

实验 18.1 编写函数判断是否闰年

实验要求

编一函数，判断某年是否为闰年，若是返回 1，否则返回 0。

算法分析

```
#include <stdio.h>
fun(int m)
{
return (m%4==0)&&(m%100!=0)||(m%400==0);
}
main()
{  int n;
   for (n=1987;n<2009;n++)
     if(fun(n))
        printf("year:%d is a leap! \n",n);
}
```

实验 18.2 编写函数计算三角形的面积

实验要求

编写计算三角形面积的程序，将计算面积定义成函数。三角形面积公式为：

$$A=\sqrt{s(s-a)(s-b)(s-c)}$$

其中，A 为三角形面积，a、b、c 为三角形的三条边的长度，s=(a+b+c)/2。

算法分析

```
#include <math.h>
#include <stdio.h>
float fun(float a,float b,float c)
{float f,s;
```

```
 s=(a+b+c)/2;
 if((s<=a)||(s<=b)||(s<=c))//或(a+b)>c&&(a+c)>b&&(b+c)>a
   f=0;
 else
   f=sqrt(s*(s.a)*(s.b)*(s.c));
return f;
}
main()
{  float a,b,c;
   scanf("%f%f%f",&a,&b,&c);
   printf("area is:%f\n",fun(a,b,c));
}
```

实验 18.3　编写函数求最大公约数和最小公倍数

实验要求

编写两个函数，分别求出两个整数的最大公约数和最小公倍数，用主函数调用这两个函数，并输出结果，两个整数由键盘输入。

算法分析

```
#include <math.h>
#include <stdio.h>
int fmax(int m,int n)
{int r;
 r=m%n;
 while (r!=0)
   {m=n;n=r;r=m%n;}
 return n;
}
int fmin(int m,int n)
{
return m*n/fmax(m,n);
}
main()
{  int a,b;
   scanf("%d%d",&a,&b);
   printf("fmax is:%d\n",fmax(a,b));
   printf("fmin is:%d\n",fmin(a,b));
}
```

实验 18.4　编写函数求圆周率的近似值

实验要求

编写函数，利用公式：

$$\frac{\pi}{2}=1+\frac{1}{3}+\frac{1}{3}\times\frac{2}{5}+\frac{1}{3}\times\frac{2}{5}\times\frac{3}{7}+\frac{1}{3}\times\frac{2}{5}\times\frac{3}{7}\times\frac{4}{9}+\cdots$$

计算π的近似值，当某一项的值小于10^{-5}时，认为达到精度要求。

算法分析

```
#include <stdio.h>
double fun()
{
int n; double pi=1,t=1;
 n=1;
 do
  {
    t=t*n/(2*n+1);
    pi=pi+t;
    n++;
 }while(t>1e.5);
 return 2*pi;
}

main()
{
printf("pi=%f\n",fun());
}
```

实验 18.5　编写函数判断某一整数是否回文数

实验要求

编一函数，判断某一整数是否为回文数，若是返回 1，否则返回 0。所谓回文数就是该数正读与反读是一样的。例如12321就是一个回文数。

算法分析

```
#include <stdio.h>
#include <math.h>
int huiwen(int m)
{int t,n=0;
 t=m;
 while(t)
    {n++;  t=t/10;}                        //求出M是几位的数
 t=m;
 while(t)
 {if(t/(int)pow(10,n.1)!=t%10)             //比较其最高位和最低位
    return 0;
  else
    {t=t%(int)pow(10,n.1);                 //去掉其最高位
```

```
      t=t/10;                           //去掉其最低位
      n=n.2;                            //位数去掉了两位
     }
   }
  return 1;
 }
 main()
 {  int x;
    scanf("%d",&x);
    if (huiwen(x))
      printf("%d is a huiwen!\n",x);
    else
      printf("%d is not a huiwen!\n",x);
 }
```

实验 18.6　编写函数求整数的所有因子

实验要求

编一函数 primedec(m)，求整数 m 的所有因子并输出。例如：120 的因子为：2，2，2，3，5。

算法分析

```
#include <stdio.h>
#include <math.h>
void primedec(int m)
{int n=2;
 while(m>1)
 {while(m%n==0)
      {printf("%d  ",n);m=m/n;}
  n++;
 }
 printf("\n");
}
main()
{
  int x;   scanf("%d",&x);   primedec(x);
}
```

实验 18.7　编写函数求整数的逆序数

实验要求

编一函数，求末位数非 0 的正整数的逆序数，如：reverse(3407)=7043。

算法分析

```
#include <stdio.h>
#include <math.h>
int reverse(int m)
{int x=0;
 while(m)
 {x=x*10+m%10;
 m=m/10;
 }
return x;
}
main()
{  int w;
   scanf("%d",&w);
   printf("%d==>%d\n",w,reverse(w));
}
```

实验 18.8　编写函数求字符串中字符、数字、空格的个数

实验要求

编一函数，统计一个字符串中字母、数字、空格和其他字符的个数。

算法分析

```
#include <stdio.h>
#include <string.h>
void fun13(char s[])
{int i,num=0,ch=0,sp=0,oh=0;
 char c;
 for(i=0;(c=s[i])!='\0';i++)
    if(c==' ')  sp++;
    else if(c>='0'&&c<='9') num++;
         else if(toupper(c)>='A' && toupper(c)<='Z') ch++;
              else oh++;
 printf("char:%d,number:%d,space:%d,other:%d\n",ch,num,sp,oh);
}

main()
{  char s1[81];
   gets(s1);
   fun13(s1);
}
```

实验 18.9　用递归方法求累加和

实验要求

用递归的方法实现求 1+2+3+…+n。

算法分析

```
#include <stdio.h>
#include <string.h>
int fun14(int m)
{int w;
 if(m==1)
   w=1;
 else
   w=fun14(m.1)+m;
 return w;
}

main()
{  int x,i;
   scanf("%d",&x);
   printf("1+2+...+%d=%d\n",x,fun14(x));
}
```

实验 18.10　用递归方法将数值转换为字符串

实验要求

用递归的方法编程，将一个整数转换成字符串。例如：输入 345，应输出字符串“345”。

算法分析

```
#include <stdio.h>
#include <string.h>
void fun15(int m)
{ if(m!=0)
 {fun15(m/10);
  printf("%c ",'0'+m%10);
 }
}

main()
{  int x;
   scanf("%d",&x);
   printf("%d==>",x);
   fun15(x);
```

```
    printf("\n");
}
```

实验 18.11　用递归方法求 x 的 n 次方

实验要求

采用递归的方法计算 x 的 n 次方。

算法分析

```
#include "stdio.h"
#include "math.h"
float p(float x,int n)
{float f;
 if(n==0)
   f=1;
 else
   f=p(x,n.1)*x;
return f;
}
main()
{
  printf("p(2,8)=%f",p(2,8));
}
```

实验 18.12　实现分段函数

实验要求

根据勒让德多项式的定义计算 Pn(x)。n 和 x 为任意正整数，把计算 Pn(x)定义成递归函数。

$$P_n(x)=\begin{cases}1 & n=0\\ x & n=1\\ ((2n-1)P_{n-1}(x)-(n-1)P_{n-2}(x))/n & n>1\end{cases}$$

算法分析

```
#include "stdio.h"
float p(float x,int n)
{float f;
 if(n==0)
   f=1;
 else if(n==1)
      f=x;
    else
```

```
        f=((2*n.1)*p(x,n.1).(n.1)*p(x,n.2))/n;
    return f;
    }
    main()
    {
      printf("p(2,8)=%f",p(2,8));
    }
```

实验 18.13　函数跟踪调试

实验要求

（1）编写如下程序：用 Visual C++ 6.0 的单步跟踪功能和 Variables 窗口，对该程序进行调试。注意观察函数执行过程（要用 Step Into）和函数参数的变化。

```
#include <stdio.h>
int max(int x,int y)
{
    if (x>y)
        return x;
    else
        return y;
}
void main()
{
    int a,b;
    scanf("%d%d",&a,&b);
    printf("the max of %d and %d is %d\n",a,b,max(a,b));
}
```

（2）编写如下程序，用 Visual C++6.0 的单步跟踪功能和 Variables 窗口，对该程序进行调试。注意观察函数执行过程（要用 Step Into）和函数参数的变化，体会为什么没有实现两个参数的交换。

```
#include <stdio.h>
void swap(int x,int y)
{
    int temp;
    printf("in swap function before swap: x=%d,y=%d\n",x,y);
    temp=x;
    x=y;
    y=temp;
    printf("in swap function after swap: x=%d,y=%d\n",x,y);
}
void main()
```

```
{
    int a,b;
    printf("input two integers:");
    scanf("%d%d",&a,&b);
    printf("in main function before swap: a=%d,b=%d\n",a,b);
    swap(a,b);
    printf("in main function after swap: a=%d,b=%d\n",a,b);
}
```

实验 18.14　编写函数使用冒泡算法排序

实验要求

编写一个函数“int BubbleSort(int Arr[],int n)”，其中 Arr[]是一个数组，n 是数组的长度。要求在该函数中使用冒泡排序算法对数组 Arr 排列成递增序，并返回元素交换的次数。

注意理解使用数组作为函数参数的方法。

实验 18.15　函数的嵌套和递归

实验要求

（1）编写如下程序，用 Visual C++ 6.0 的单步跟踪功能和 Variables 窗口，对该程序进行调试。注意观察函数的嵌套执行过程（要用 Step Into），并记录程序中各个函数的各个变量的变化情况，体会局部变量的作用域。

```
#include <stdio.h>
long square(int p)
{
    int k;
    k=p*p;
    return k;
}
long factor(int q)
{
    long c=1;
    int i;
    long j;
    j=square(q);
    for(i=1;i<=j;i++)
        c=c*i;
    return c;
}
void main()
{
    int i;
```

```
    int n;
    long s=0;
    scanf("%d",&n);
    for(i=1;i<=n;i++)
        s=s+factor(i);
    printf("s=%ld\n",s);
}
```

（2）编写如下程序，用 Visual C++ 6.0 的单步跟踪功能和 Variables 窗口，对该程序进行调试。注意观察递归函数执行过程（要用 Step Into）和函数参数的变化。

```
#include <stdio.h>
long Fibonacci(int k)
{
    if (k==0 || k==1 )
        return 1;
    else
        return Fibonacci(k.1)+Fibonacci(k.2);
}
void main()
{
    int n;
    scanf("%d",&n);
    printf("result is %ld.\n",Fibonacci(n));
}
```

（3）运行下面的程序，看看实现什么功能。

```
#include <stdio.h>
void fun(int a)
{
    int i;
    if (a==1)
    {
        printf("*\n");
        return;
    }
    for (i=0;i<a;i++)
        printf("*");
    printf("\n");
    fun(a.1);
}
void main()
{
        fun(4);
}
```

第 19 章

指针的使用

实验 19.1 计算两数的和与积

实验要求

编写函数，对传递进来的两个整型量计算它们的和与积之后，通过参数返回。

算法分析

```
#include <stdio.h>
void compute(int m, int n, int *sum, int *p)
{ *sum=m+n;
  *p=m*n;
}
void main()
{ int x,y,sum,product;
  printf("enter 2 integers:\n");
  scanf("%d%d",&x,&y);
  compute(x,y,&sum,&product);
  printf("x=%d y=%d sum=%d product=%d\n",x,y,sum,product);
}
```

实验 19.2 从字符串中提取数字

实验要求

编写一个程序，将用户输入的字符串中的所有数字提取出来。

算法分析

```
#include <stdio.h>
#include <string.h>
void main()
{ har string[81],digit[81];
  char *ps;
  int i=0;
```

```
 printf("enter a string:\n");
 gets(string);
 ps=string;
 while(*ps!='\0')
 {if(*ps>='0' && *ps<='9')
   {   digit[i]=*ps;
       i++;
   }
   ps++;
 }
 digit[i]='\0';
 printf("string=%s  digit=%s\n",string,digit);
}
```

实验 19.3　统计字符串的长度

实验要求

编写函数，计算字符串的串长。

算法分析

```
#include <stdio.h>
#include <string.h>
int StringLength(char *s);
int StringLength(char *s)
{   int k;
    for(k=0;*s++;k++);
    return k;
}
void main()
{   char string[81];
    printf("enter a string:\n");
    gets(string);
    printf("length of the string=%d\n",StringLength(string));
}
```

实验 19.4　将字符串转换为大写

实验要求

编写函数，将一个字符串中的字母全部转换为大写。

算法分析

```
#include <stdio.h>
#include <string.h>
char *Upper(char *s);
```

```
char *Upper(char *s)
{ char *ps;
  ps=s;
  while(*ps)
  {if(*ps>='a' && *ps<='z')
        *ps=*ps-32;
     ps++;
  }
  return s;
}
void main()
{ char string[81];
  printf("enter a string:\n");
  gets(string);
  printf("before convert: string=%s\n",string);
  printf(" after convert: string=%s\n",Upper(string));
}
```

实验 19.5 统计字符串中字符个数

实验要求

编写函数，计算一个字符在一个字符串中出现的次数。

算法分析

```
#include <stdio.h>
#include <string.h>
int Occur(char *s, char c)
{   int k=0;
    while(*s)
      { if(*s==c)
            k++;
        s++;
      }
    return k;
}
void main()
{   char string[81],c;
    printf("enter a string:\n");
    gets(string);
    printf("enter a character:\n");
    c=getchar();
    printf("character %c occurs %d times in string %s\n",c,Occur (string,
    c),string);
}
```

实验 19.6　判断子字符串

实验要求

编写函数，判断一个子字符串是否在某个给定的字符串中出现。

算法分析

```
#include <stdio.h>
#include <string.h>
int IsSubstring(char *str,char *substr)
{   int i,j,k,num=0;
    for(i=0;str[i]!='\0' && num==0 ;i++)
    {   for(j=i ,k=0;substr[k]==str[j];k++,j++)
            if(substr[ k+1  ]=='\0')
            {   num=1;  break;  }
    }
    return num;
}
void main()
{   char string[81],sub[81];
    printf("enter first string:\n");
    gets(string);
    printf("enter second string:\n");
    gets(sub);
    printf("string '%s' is ", sub);
    if(!IsSubstring(string,sub))
        printf("not ");
    printf("substring of '%s'\n", string);
}
```

实验 19.7　指针变化的跟踪调试

实验要求

对于如下程序：

```
#include <stdio.h>
void main()
{
    int *p_max,*p_min,*p,a,b;
    printf("请输入两个整数 a 和 b\n");
    scanf("%d,%d", &a, &b);
    p_max = &a;
    p_min = &b;
    p = p_max;
```

```
    p_max = p_min;
    p_min = p;
    printf("\na=%d, b=%d\n",a,b);
    printf("max=%d, min=%d\n", *p_max, *p_min);
}
```

（1）使用 Visual C++ 6.0 的单步跟踪功能和 Variables 窗口，调试该程序，并观察变量 a、b、p_max、p_min 以及*p_max、*p_min 的变化情况。

（2）为什么 a 和 b 的值没有发生变化？

（3）分析一下，“*”和“&”两个符号在 C 语言中都有哪些作用？这些作用分别用在哪些场合？

实验 19.8　指针参数交换

实验要求

对于如下程序：

```
void swap(int *p1, int *p2)
{
    int temp;
    temp = *p1;
    *p1 = *p2;
    *p2 = temp;
}
void main()
{
    int *p_max, *p_min, a, b;
    printf("请输入两个数 a 和 b\n");
    scanf("%d,%d", &a, &b);
    p_max = &a;
    p_min = &b;
    /*若 a 比 b 小则需交换指针 p_max 和 p_min 所指向的变量*/
    if (a < b)
        swap(p_max, p_min);
    printf("\n%d, %d\n", a, b);
}
```

（1）利用 Visual C++ 6.0 的单步跟踪和 Variables 窗口，调试这个程序，并观察各个变量的变化情况。分析为什么能够实现两个变量的交换。

（2）使用如下三个函数代替 swap 函数，是否能够实现交换？为什么？运行对应的程序来检验你的分析。

```
void swap1(int *p1, int *p2)
{
    int *temp;
```

```
    *temp = *p1;
    *p1 = *p2;
    *p2 = *temp;
}
void swap2(int i, int j)
{
    int temp;
    temp = i;
    i = j;
    j = temp;
}
void swap3(int *p1, int *p2)
{
    int *temp;
    temp = p1;
    p1 = p2;
    p2 = temp;
}
```

实验 19.9 字符串程序跟踪

实验要求

分析并观察下面程序的输出。

程序 1：

```
#include <stdio.h>
#include <string.h>
void main()
{
    char *p1,*p2,str[50]="ABCDEFG";
    p1="abcd";
    p2="efgh";
    strcpy(str+1,p2+1);
    strcpy(str+3,p1+3);
    printf("%s",str);
}
```

程序 2：

```
#include<stdio.h>
#include<string.h>
void main( )
{
    char b1[18]= "abcdefg",b2[8],*pb=b1+3;
    while(--pb>=b1)
```

```
        strcpy(b2,pb);
    printf("%d\n",strlen(b2));
}
```

程序 3:

```
#include <stdio.h>
char cchar(char ch)
{
    if (ch>='A'&&ch<='Z')
        ch=ch-'A'+'a';
    return ch;
}
void main()
{
    char s[]="ABC+abc=defDEF",*p=s;
    while(*p)
    {
        *p=cchar(*p);
        p++;
    }
    printf("%s\n",s);
}
```

实验 19.10　求数组中的最小数

实验要求

编写一个函数 getminitem，实现求一个整型数组中所有数的最小值。

函数原型：int getminitem(int &, int *);

要求：返回值为最小值元素的下标；函数的参数为整型数组的首地址和存储最小元素的变量地址。

实验 19.11　指针变量跟踪分析

实验要求

运用调试功能，单步跟踪运行，观察变量值的变化情况。

（1）运行如下程序，观察并分析运行结果：

```
#include<stdio.h>
void main()
{
    short a[10]={0,1}, b[3][4]={0,1,2,3,4};
    short *p1=a, (*p2)[4]=b,*p3=b[0];
```

```
   printf("%x %d\n",a,a[0]);
   printf("%x %x %d\n",b,b[0],b[0][0]);
   intf("%x %d %x %d\n",p1,*p1,p1+1,*(p1+1));
   printf("%x %d %x %d\n",p2,p2[0][0],p2+1,*(p2+1)[0]);
   printf("%x %d %x %d\n",p3,*p3,p3+1,*(p3+1));
}
```

（2）对于如下程序，使用单步跟踪和 Variables 窗口，观察并分析变量的变化情况：

```
#include<stdio.h>
void main( )
{
   int a[5],b[5],c[5];
   int *p;
   int i;
   printf("输入数组 a: ");
   for(i=0;i<5;i++)
scanf("%d",&a[i]);          /*下标法输入元素 a[i]*/
   printf("数组 a 为: ");
   for(i=0;i<5;i++)
printf("%d ",a[i]);         /*下标法输出数组元素 a[i]*/
   printf("\n");
   printf("输入数组 b: ");
   for(i=0;i<5;i++)
scanf("%d",b+i);            /*借助数组名用指针法输入数组元素 b[i]*/
   printf("数组 b 为: ");
   for(i=0;i<5;i++)
printf("%d ",*(b+i));       /*借助数组名用指针法输出数组元素 b[i] */
   printf("\n");
   printf("输入数组 c: ");
   for(p=c;p<c+5;p++)   //第 22 行
scanf("%d",p);       /*第 23 行，借助指针变量用指针法输入数据到 p 所指向存储单元*/
   printf("数组 c 为: \n");
   for(p=c;p<c+5;p++)   //第 25 行
printf("%d ",*p);    /*借助指针变量用指针法输出 p 所指向的数组元素*/
   printf("\n");
}
```

（3）对于如下程序，使用单步跟踪和 Variables 窗口，观察并分析变量的变化情况：

```
#include <stdio.h>
void main( )
{
   char string1[ ]="Hello,world!";
   printf("%s\n", string1);
   char *string2="Hello, world!";
   printf("%s\n", string2);
```

```
    char *string3;
    string3= string1;
    printf("%s\n", string3);
}
```

（4）对于如下程序，使用单步跟踪和 **Variables** 窗口，观察并分析变量的变化情况：

```
#include<stdio.h>
#include<string.h>
void main( )
{
    char *name[]={"Zhang San","Li Si","Wang Wu","Feng Liu"};
    int i,j,min;
    char *temp;
    for(i=0;i<3;i++)
    {
        min=i;
        for(j=i;j<4;j++)
            if(strcmp(name[min],name[j])>0)
            min=j;
    if(min!=i)
    {
        temp=name[i];
        name[i]=name[min];
        name[min]=temp;
        }
    }
    printf("排序后各字符串依次为：\n");
    for(i=0;i<4;i++)
        printf("%s\n",name[i]);
}
```

（5）对于如下程序，使用单步跟踪和 **Variables** 窗口，观察并分析变量的变化情况：

```
#include <stdio.h>
/*在 tagstr 中寻找关键字 c。返回值是一个指向字符型数据的指针*/
char* search(char *tagstr,char *c)
{
    char *p=tagstr;
    while(*p!='\0')          /*该循环用于在 p 中查找关键字*/
    {
        p++;
        if (*p==*c)
            return p;
    }
    return NULL;             /*如果没有找到,则返回一个空指针*/
}
```

```
void main()
{
    char c;
    char *string="I am a student";              /*给定的字符串*/
    printf("Please enter the character:");  /*输入关键字*/
    scanf("%c",&c);
    if(search(string,&c))
        printf("Found!!!\n");
    else
        printf("Not Found!\n");
}
```

第20章

结构体与共用体的使用

实验 20.1　复数的运算

实验要求

编写程序，用结构体的方法进行两个复数的相减。

算法分析

```
#include <stdio.h>
struct Complex{
    double m_r,m_i;
};
struct Complex sub(struct Complex c1,struct Complex c2)
{   struct Complex c;
    c.m_r=c1.m_r-c2.m_r;
    c.m_i=c1.m_i-c2.m_i;
    return c;
}
void main()
{ struct Complex c1 ={1.2,2.3},c2={0.2,0.3};
 struct Complex c;
   c=sub(c1,c2);
 printf("c=%g+i%g\n",c.m_r,c.m_i);
}
```

实验 20.2　判断某日是本年中的第几天

实验要求

定义一个包括年、月、日的结构体。输入一个日期，计算该日在本年中是第几天？注意闰年问题。

算法分析

```
#include<stdio.h>
```

```
struct ymd
{
    int day;
    int month;
    int year;
};

int dayof[13]={0,31,28,31,30,31,30,31,31,30,31,30,31};

int days(struct ymd *p)
{
    int i,d;
    if(p->year%4==0&&p->year%100!=0||p->year%400==0)
    dayof[2]=29;
    d=p->day;
    for(i=1;i<p->month;i++)
    d=d+dayof[i];
    return (d);
}

void main()
{
    struct ymd date;
    int d;
    for (;;)
    {
        printf("date(yyyy/mm/dd)=? (yyyy=0--Exit)\n\n");
        scanf("%d/%d/%d",&date.year,&date.month,&date.day);
        if(date.year==0)
        break;
        d=days(&date);
        printf("\nThe day of the year is %d !\n\n",d);
    }
}
```

实验 20.3　学生成绩统计

实验要求

有 10 个学生，每个学生的数据包括学号、姓名、3 门课程的成绩。从键盘输入 10 个学生的数据，要求输出 3 门课程的总平均成绩，以及最高分的学生的学号、姓名、3 门课程成绩、平均分数。

算法分析

```
#include<stdio.h>
```

```
#define N 10
struct student
{ char num[6];
  char name[8];
  float score[3];
  float avr;
}stu[N];

void main()
{ int i,j,maxi;
  float sum,max,average;
  for(i=0;i<N;i++)
    { printf("input scores of student%d:\n",i+1);
      printf("No.:");
      scanf("%s",stu[i].num);
      printf("name:");
      scanf("%s",stu[i].name);
      for(j=0;j<3;j++)
         {
      printf("score %d:",j+1);
          scanf("%f",&stu[i].score[j]);
         }
  }
  average=0;
  max=0;
  maxi=0;
  for(i=0;i<N;i++)
     {sum=0;
     for(j=0;j<3;j++)
         sum+=stu[i].score[j];
     stu[i].avr=sum/3.0;
     average+=stu[i].avr;
     if(sum>max)
     {   max=sum;
         maxi=i;
     }
   }
  average/=N;
  printf("  No.       name  score1   score2   score3        average\n");
  for(i=0;i<N;i++)
  {
     printf("%5s%10s",stu[i].num,stu[i].name);
     for(j=0;j<3;j++)
         printf("%9.2f",stu[i].score[j]);
     printf("   %8.2f\n",stu[i].avr);
```

```
}
printf("average=%5.2f\n",average);
printf("The highest score is : student %s,%s.\n",stu[maxi].num,stu[maxi].
name);
printf("His scores are: %6.2f,%6.2f,%6.2f,average:%5.2.\n",stu[maxi]
.score[0],
     stu[maxi].score[1],stu[maxi].score[2],stu[maxi].avr);
}
```

实验 20.4　链表结点删除

实验要求

有两个链表 a 和 b。设结点中包括学号、姓名。从 a 链表中删除去与 b 链表中有相同学号的那些结点。

算法分析

```
#include<stdio.h>
#include<string.h>
#define LA 4
#define LB 5
struct student
  { int num;
   char name[8];
   struct student *next;
   }a[LA],b[LB];

 void main()
   {struct student a[LA]={{101,"Wang"},{102,"Li"},{105,"Zhang"},{106,
   "Wei"}};
    struct student b[LB]={{103,"Zhang"},{104,"Ma"},{105,"Chen"},{107,
    "Guo"},{108,"lui"}};
    int i;
    struct student *p,*p1,*p2,*head1,*head2;
    head1=a;    head2=b;
    printf("list A:  \n");
    for(p1=head1,i=1;i<=LA;i++)
        {if(i<LA) p1->next=a+i;
         else  p1->next=NULL;
         printf("%4d%8s\n",p1->num,p1->name);
         if(i<LA)   p1=p1->next;
         }
    printf("\n list B:\n");
    for(p2=head2,i=1;i<=LB;i++)
       { if(i<LB)p2->next=b+i;
```

```
      else p2->next=NULL;
      printf("%4d%8s\n",p2->num,p2->name);
      if(i<LB)p2=p2->next;
     }

  p1=head1;
  while(p1!=NULL)
   {p2=head2;
    while((p1->num!=p2->num)&&(p2->next!=NULL))
  p2=p2->next;
    if(p1->num==p2->num)
      if(p1==head1)
         head1=p1->next;
      else
         {p->next=p1->next;
          p1=p1->next;}
    else
      {p=p1;p1=p1->next;}
    }
    printf("\nresult:\n");
    p1=head1;
    while(p1!=NULL)
      {printf("%4d %7s  \n",p1->num,p1->name);
       p1=p1->next;
      }
  }
```

实验 20.5　分析测试程序输出

实验要求

分析并测试以下各程序的输出结果。

程序 1：

```
#include<stdio.h>
void main()
{
    union
    {
        int a;
        int b;
    }s[3],*p;
    int n=1,k;
    for(k=0;k<3;k++)
```

```
    {
        s[k].a=n;
        s[k].b=s[k].a*2;
        n+=2;
    }
    p=s;
    printf("%d,%d\n",p->a,++p->a);
}
```

程序 2:

```
#include<stdio.h>
void main()
{
    enum workday
    {
        mon,tue,wed,thr,fri
};
enum workday d=thr;
printf("%d\n",d);
printf("%c\n",d);
printf("%s\n",d);
}
```

程序 3:

```
#include<stdio.h>
void main()
{
    struct date
    {
        int year;
        int month;
        int day;
    };
    struct student
    {
        int num;
        char name[20];
        char sex;
        struct date birthday;
        float score;
    };
    struct student stu;
    printf("请输入学生学号:");
    scanf("%d",&stu.num);
    printf("请输入学生姓名:");
```

```
    scanf("%s",stu.name);
    printf("请输入学生性别:");
    scanf(" %c",&stu.sex);
    printf("请输入学生出生日期:");
    scanf("%d%d%d",&stu.birthday.year,&stu.birthday.month,&stu. birthday.
    day);
    printf("请输入学生成绩:");
    scanf("%f",&stu.score);
    printf("学号:%d\n 姓名:%s\n 性别:%c\n 出生日期:%d 年%d 月%d 日\n 成绩:%6. 1f\
    n",stu.num,stu.name,
    stu.sex,stu.birthday.year,stu.birthday.month,stu.birthday.day, stu.
    score);
}
```

实验 20.6　跟踪观察链表创建过程

实验要求

下面的程序用于创建一个链表，使用单步跟踪调试，逐步观察各个变量，特别是 head 和 p 的变化情况，熟悉链表的创建过程。

```
#include<stdio.h>
#include<malloc.h>
struct student
{
    int num;
    float score;
    struct student *next;
};
struct student *create(int n)
{
    struct student *head=NULL,*p1,*p2;
    int i;
    for(i=1;i<=n;i++)
    {
        p1=(struct student *)malloc(sizeof(struct student));
        printf("请输入第%d 个学生的学号及考试成绩:\n",i);
        scanf("%d%f",&p1->num,&p1->score);
        p1->next=NULL;
        if(i==1)
            head=p1;
        else
            p2->next=p1;
        p2=p1;
        }
        return(head);
```

```
}
void main()
{
    struct student *p;
    p=create(10);
    while(p!=NULL)
    {
        printf("学号:%d 成绩:%3f\n",p->num, p->score);
        p=p->next;
    }
}
```

实验 20.7　统计链表结点个数

实验要求

编写函数，统计链表中结点的个数。

实验 20.8　查找链表结点

实验要求

编写函数，查找指定学号的结点在链表中第一次出现的位置，未找到则返回 0。

实验 20.9　删除链表指定结点

实验要求

编写函数，删除链表中指定位置的结点。

实验 20.10　动态链表应用

实验要求

编写一个程序，使用动态链表实现下面的功能：

（1）建立一个链表，用于存储学生的学号、姓名和三门课程的成绩和平均成绩；

（2）输入学号后输出该学生的学号、姓名和三门课程的成绩；

（3）输入学号后删除该学生的数据；

（4）插入学生的数据；

（5）输出平均成绩在 80 分及以上的记录；

（6）退出。

算法分析

要求用循环语句实现（2）～（5）的多次操作。

参照课程内容建立链表程序。

第21章 编译预处理和位运算的使用

实验 21.1 编译预处理

实验要求

定义一个带参数的宏，使两个参数的值互换。在主函数中输入两个数作为使用宏的实参，输出已交换后的两个值。

算法分析

使用以下宏定义：

```
#define SWAP(a,b) t=b;b=a;a=t
```

调用格式：

```
SWAP(a,b);
```

实验 21.2 利用宏求整数的余数

实验要求

定义一个带参数的宏，求两个整数的余数。通过宏调用，输出求得的结果。

算法分析

```
#define R(m,n)  (m)%(n)
#include <stdio.h>
void main()
{ int m,n;
  printf("enter two integers:\n");
  scanf("%d%d",&m,&n);
  printf("remainder=%d\n",R(m,n));
}
```

实验 21.3 利用宏求三个数中的最大数

实验要求

分别用函数和带参数的宏，从 3 个数中找出最大者。

算法分析

```
#include <stdio.h>
#define MAX(a,b)  ((a)>(b)?(a):(b))          //定义宏
int  max3(int a,int b,int c)                 //定义出数
  {int m;
   m=a>b?a:b;
   m=m>c?m:c;
   return m;
  }
void main()
{ int m,n,k;
  printf("enter 3 integer:\n");
  scanf("%d%d%d",&m,&n,&k);
  printf("1. MACRO max=%d\n",MAX(MAX(m,n),k));
  printf("2. function max=%d\n",max3(m,n,k));
}
```

实验 21.4　利用宏判断整数能否被 3 整除

实验要求

输入一个整数 m，判断它能否被 3 整除。要求利用带参数的宏实现。

算法分析

```
#include <stdio.h>
#define DIVIDEDBY3(m)  (m)%3==0
void main()
{ int m;
  printf("enter a integer:\n");
  scanf("%d",&m);
  if(DIVIDEDBY3(m))
    printf("%d is divided by 3\n",m);
  else
    printf("%d is not divided by 3\n",m);
}
```

实验 21.5　设计输出格式

实验要求

设计输出实数的格式，包括：(1)一行内输出一个实数；(2)一行内输出两个实数；(3)一行内输出三个实数。实数用%6.2f 格式输出。用一个文件 printf_format.h 包含以上用#define 命令定义的格式，编写一程序，将 printf_format.h 包含到程序中，在程序中用 scanf

函数读入三个实数给 f1、f2、f3、然后用上面定义的三种格式分别输出：f1；f1，f2；f1，f2，f3。

算法分析

使用以下宏定义：

```
#define PR printf
#define NL "\n"
#define Fs "%f"
#define F "%6.2f"
#define F1 F NL
#define F2 F "\t" F NL
#define F3 F"\t" F"\t" F NL
```

然后再建立一个 C 程序，程序内容如下：

```
#include<stdio.h>
#include"p_f.h"
void main()
{
    float  f1, f2, f3;
    PR("Input three floating numbers f1, f2, f3:\n");
    scanf(Fs,&f1);
    scanf(Fs,&f2);
    scanf(Fs,&f3);
    PR(NL);
    PR("Output one floating number each line:\n");
    PR(F1, f1);
    PR(F1, f2);
    PR(F1, f3);
    PR(NL);
    PR("Output two number each line:\n");
    PR(F2, f1, f2);
    PR(NL);
    PR("Output three number each line:\n");
    PR(F3, f1, f2, f3);
}
```

实验 21.6　十六进制转换成二进制

实验要求

编一个将十六进制数转换成二进制形式显示的程序。

算法分析

```
#include  "stdio.h"
void main()
```

```
{
    int num, mask, i;
    printf("Input a hexadecimal number: ");
    scanf("%x",&num);
    mask = 1<<15;               /*构造 1 个最高位为 1、其余各位为 0 的整数(屏蔽字)*/
    printf("%d=" , num);
    for(i=1; i<=16; i++)
    {   putchar(num&mask ? '1' : '0');         /*输出最高位的值(1/0)*/
        num <<= 1;                             /*将次高位移到最高位上*/
        if( i%4==0 ) putchar(',');             /*四位一组，用逗号分开*/
    }
    printf("\bB\n");
}
```

实验 21.7　取整数的一部分

实验要求

取一个整数 a 从右端开始的 4～7 位。

算法分析

```
#include <stdio.h>
main()
{
    int num, mask;
    printf("Input a integer number: ");
    scanf("%d",&num);
  printf("the number:0x%x\n",num);
    num >>= 4;                  /*右移 4 位，将 4～7 位移到低 4 位上*/
    mask = ~ ( ~0 << 4);        /*间接构造 1 个低 4 位为 1、其余各位为 0 的整数*/
    printf("4~7     :0x%x\n", num & mask);
 }
```

第22章

文件操作

实验 22.1　文件创建

实验要求

建立一个名称为 test.txt 的文件，并录入一些内容（英文内容），然后调试如下程序：

```
#include <stdio.h>
int main()
{
    int ch;
    FILE *fp;
    fp=fopen("\test.txt", "r");
    if (fp==NULL)
    {
        printf("/tmp/test.txt 不存在");
        return (0);
    }
    while((ch=fgetc(fp))!=EOF)
        putchar(ch);
    fclose(fp);
    return 1;
}
```

算法分析

（1）使用单步跟踪功能，观察 ch 变量的变化情况。

（2）删除 C 盘上的文件 test.txt，执行该程序，出现什么情况？分析 if (fp==NULL)的作用。

（3）将文件的打开模式改为“br”，程序的运行结果是什么？为什么？

实验 22.2　学生信息统计

实验要求

执行如下程序，分析并观察其结果。

```
#include <stdio.h>
#define MAX_STUDENT 100  /*用常量控制最大可以输入100名学生*/
typedef struct
{
   long no;
   char name[20];
   int age;
   double score;
}stu;     /*存储学生信息的结构体类型 */
void main()
{
   stu student[MAX_STUDENT];/*存储学生信息*/
   FILE *fp,*gp;
   int sum,i;
   /*要输入的学生数*/
   printf("How many Students? ");
   scanf("%d%",&sum);
   /*输入每个学生信息*/
   for(i=0;i<sum;++i)
   {
      printf("\nInput score of student %d:\n",i+1);
      printf("No.    : ");
      scanf("%ld",&student[i].no);
      printf("Name   : ");
      scanf("%s",student[i].name);
      printf("Age    : ");
      scanf("%d",&student[i].age);
      printf("Score : ");
      scanf("%lf",&student[i].score);
   }
      /*将数据写入文件*/
   fp=fopen("student.dat","w");
   for(i=0;i<sum;++i)
   {
      if(fwrite(&student[i],sizeof(struct stu),1,fp)!=1)
         printf("File student.dat write error\n");
      fclose(fp);
   }
   /*检查文件内容*/
   fp=fopen("student.dat","r");
   gp=fopen("student.txt","w");
   for(i=0;i<sum;++i)
   {
      fread(&student[i],sizeof(struct stu),1,fp));
      /*fread以相同方式读出用fwrite写入的数据*/
```

```
        printf("%ld,%s,%d,%lf\n",student[i].no, student[i].name,student
        [i]. age,
        student[i].score); /*屏幕显示,检查数据*/
        fprintf(gp, "%ld,%s,%d,%lf\n",student[i].no, student[i].name,
        student[i].age,student[i].score);/*以相同的格式写入文件 student.txt*/
    }
    fclose(fp);
    fclose(gp);
}
```

实验 22.3　文件输出程序

实验要求

使用 fgetc 函数和 fputc 函数编写命令行程序 cat。没有命令行参数时它完成由标准输入向标准输出的复制；如果有参数，cat 程序把所有参数作为需要复制的文件的名字，把这些文件顺序复制到标准输出。

实验 22.4　屏幕行输入函数

实验要求

使用 fgets 函数编写程序，实现从屏幕上输入一行的 getline 函数，并测试其功能。

算法分析

函数原型为：

```
int getline(char *line, int max)
```

其中，line 是存储输入行的缓冲区，max 是一行的最大长度，返回值为实际读取的长度。

实验 22.5　随机出题程序

实验要求

建立一个程序，用于产生 200 组算式，每组算式包括一个两个数的加法、减法（要求被减数要大于减数）、乘法和两位数除以一位数的除法算式，每一组为一行，将所有的算式保存到文本文件 d:\\a.txt 中

算法分析

```
#include<stdio.h>
#include<stdlib.h>
void main()
{FILE *fp;
int i,a,b,t;
```

```
fp=fopen("d:\\a.txt","w");
for(i=1;i<=200;i++)
  {
    a=rand()%100;b=rand()%100;
    fprintf(fp,"\t%2d+%2d=   ",a,b);
    a=rand()%100;b=rand()%100;
     if(a<b) {t=a;a=b;b=t;}
    fprintf(fp,"\t%2d-%2d=   ",a,b);
    a=rand()%100;b=rand()%100;
    fprintf(fp,"\t%2d×%2d=   ",a,b);
    a=rand()%100;b=rand()%10;
     if(b<2) b=b+2;if(a<10) a=a+10;
    fprintf(fp,"\t%2d÷%2d=   ",a,b);
    fprintf(fp,"\n");
}
fclose(fp);
}
```

在 Word 中打开 d:\\a.txt 文件，查看文件内容是否正确。

向 d:\\ a.txt 文件追加 100 组算式，每组算式包括一个一位数的加法、减法。

实验 22.6　二进制文件的读写

实验要求

从键盘读入 10 个浮点数，以二进制形式存入文件中。再从文件中读出数据显示在屏幕上。修改文件中第 4 个数据，然后从文件中读出数据显示在屏幕上，以验证修改的正确性。

算法分析

```
#include "stdio.h"
void  ctfb(FILE *fp)
{
        int i;
        float x;
        for(i=0;i<10;i++)
        {   scanf("%f",&x);
            fwrite(&x,sizeof(float),1,fp);
        }
}
void fbtc(FILE *fp)
{
        float x;
        rewind (fp);
        fread(&x,sizeof(float),1,fp);
```

```
        while(!feof(fp))
        {   printf("%f ",x);
            fread(&x,sizeof(float),1,fp);
         }
}
void updata(FILE *fp,int n,float x)
    {   fseek(fp,(long)(n-1)*sizeof(float),0);
        fwrite(&x,sizeof(float),1,fp);
    }
main()
{   FILE *fp;
        int n=4;
        float x;
        if((fp=fopen("file.dat","wb+"))==NULL)
        {   printf("can't open this file\n");
            exit(0);
        }
        ctfb(fp);  fbtc(fp);
        scanf("%f",&x);
        updata(fp,n,x);
        fbtc(fp);
        fclose(fp);
}
```

实验 22.7 文件输入输出验证

实验要求

调用 fputs 函数，把 10 个字符串输出到文件中；再从此文件中读入这 10 个字符串放在一个数组中；最后把字符串数组中的字符串输出到终端屏幕，以检查所有操作的正确性。

算法分析

```
#include <stdio.h>
void main()
{ int i;
  FILE *fp=fopen("test.txt","w");
  char *str[10]={ "One","two","three","four","five","six","seven",
                 "eight","nine","ten"};
  char str2[10][20];
  if(fp==NULL)
  { printf("Can not open write file\n");
    return;
  }
  for(i=0;i<10;i++)
  { fputs(str[i],fp);
```

```
    fputs("\n",fp);
  }
  fclose(fp);
  fp=fopen("test.txt","r");
  if(fp==NULL)
  {  printf("Can not open read file\n");
     return;
  }
  i=0;
  while(i<10&&!feof(fp))
  { printf("%s",fgets(str2[i],20,fp));
    i++;
  }
}
```

附录1

测试题参考答案

1.3 测试题

选择题

1. C 2. B 3. C 4. D 5. D 6. A

2.3 测试题

选择题

1. C 2. A 3. A 4. D 5. A 6. D 7. D 8. D 9. D 10. B 11.C

3.3 测试题

选择题

1.D 2.（1）B （2）C 3. A 4. C 5. A 6. B 7. B 8. B 9. A 10. A

4.3 测试题

4.3.1 选择题

1. D 2. C 3. B 4. B 5. B 6. B

4.3.2 填空题

1. 0 2. 1 3. &&、||、! 4. 0 5.

5.3 测试题

5.3.1 选择题

1. A 2. D 3. C 4. A 5.【1】C【2】A 6. B 7. A 8.【1】B【2】C 9. D 10. B 11. B

5.3.2 填空题

1.【1】c!= '\n' 【2】c>='0' && c<='9' 2.【1】float 【2】pi+1.0/(i*i) 3.【1】x1>0 【2】x1/2-2 4.【1】r=m,m=n,n=r 【2】m%n 5. 【1】2*x+4*y= =90 6.【1】t=t*i 【2】t=-t/i 7.【1】 &a,&b 【2】fabs(b-a)/n 8.【1】e=1.0 【2】new>=1e-6 9.【1】m=0,i=1 【2】m+=i 10.【1】1000-i*50-j*20 【2】k>=0

6.3 测试题

6.3.1 选择题

1. C 2. A 3. A 4. A 5. C 6. A 7. D 8. D 9. D 10. A 11. D 12. A 13. D 14. C 15.【1】B【2】B 16.【1】A 【2】 D【3】A 17. A 18. B 19. A

6.3.2 填空题

1. 按行存放 2. i*m+j+1 3.【1】0 【2】6 4.【1】j<=2【2】b[j][i]=a[i][j]【3】i<=2 5. 【1】break 【2】i==8 6.【1】i-1【2】a[j+1]=a[j]【3】a[j+1] 7.【1】a[i]>b[j]【2】i<3 【3】j<5 8. 6 1 2 3 4 5

6 1 2 3 4

4 5 6 1 2 3

3 4 5 6 1 2

2 3 4 5 6 1

1 2 3 4 5 6

9. 600 10.【1】strlen(t) 【2】t[k]= =c 11.【1】str[0] 【2】strcpy(s,str[1])【3】s 12.t*M

7.3 测试题

7.3.1 选择题

1. A 2. B 3. D 4. C 5. C 6. D 7. A 8. A 9. B 10. C 11. B 12. A 13. C 14. C 15. D 16. B 17. D 18. B 19. C 20. B 21. A 22. B 23. A 24. A 25.【1】A 【2】B 26. D 27. C 28. A

7.3.2 填空题

1. static 2.【1】函数说明 【2】函数体 3.【1】x+y，x-y 【2】z+y,z-y 4. 自动(auto) 5.【1】f(r)*f(n)<0 【2】abs(n-m)<0.001 6. 1010 7.【1】j=1 【2】y>=1 【3】--y（或 y--） 8.【1】y>x && y>z 【2】j%x= =0 && j%y==0 && j%z==0 9.【1】n1<n2 【2】temp<>0 10. 3 阶幻方： 11.【1】age(n-1)+2 【2】age(5) 12. 15

8	1	6
3	5	7
4	9	2

8.3 测试题

8.3.1 选择题

1. A 2. B 3. B 4. C 5. D 6. B 7. C 8. C 9. A
10. B D A 11. A D 12. B A C 13. A 14. A

8.3.2 填空题

1. 指针变量 变量类型

2. 首地址 元素的首地址 数组的指针

3. 字符类型 地址 字符的地址

4．首地址

5．int argc　指针

6．下标法　指针法

7．字符数组　字符指针

8．*a,*b,*c　a,b,c　*a,*b,*c　*min=*b　*min　*min=*c　*min

9．HOW DO YOU DO how do you do

10．ip=name[i];

11．10

12．110

13．7　1

14．char *p;　p=&ch;　scanf("%c",p);　*p='a';　printf("%c",p);

15．s=p=&a[4];　s+=2;　a[4]　*(s+1)　2　顺序输出5个数据

9.3　测试题

填空题

1．构造　分量　表

2．共用体　枚举

3．struct st

4．2　3

5．p->data　p->next

6．ffca　ffca　A

10.3　测试题

10.3.1　选择题

1．A　2．B　3．B　4．C　5．D　6．D　7．D　8．D　9．B

10．B　11．A

10.3.2　填空题

1．宏定义　文件包含　　2．6　9　　3．9911

4．ar=0　ar=9　ar=11　　5．int　s　*b　　6．双目　整形　字符型

7．结构体 位数　　8．11110000　　9．a&00000000

10．x|0177400　　11．a=012500>>4　　12．ch&040

13．1000 10　　14．c　　15．11

16．7　　17．MIN　　18．0 1 1

11.3　测试题

11.3.1　选择题

1．D　2．D　3．C　4．A　5．B　6．C　7．A

11.3.2　填空题

1．p->next　p->data<m　　2．(struct list *)　struct list

3．struct list *　　q　　　　　　4．9

12.3　测试题

12.3.1　选择题

1．D　　　　2．B

12.3.2　填空题

1．ASCII 文件　　二进制文件　　记录式文件　　字节流文件　　缓冲文件系统

2．fprintf()　　fscanf()　　磁盘文件　　rewind()　　fseek()

3．1　　!feof(f1)

4．!feof(f1)　　f1　　fclose(f1)　　　fclose(f2)

5．fopen(argv[2],"w")　　　ch

6．r　　　(!feof(fp))　　fgetc(fp)

7．AAAABBBBCCCC

附录 2

江苏省计算机等级考试二级C语言考试大纲

一、C语言的基本概念

1．源程序的格式、风格和结构，main函数及其他函数的基本概念。

2．基本算术类型数据的表示及使用：

（1）类型标识符（int，float，double，char）的意义及使用；类型修饰符（long，short，signed，unsigned）的意义及使用。

（2）基本类型常量的表示及使用：int型常量的十进制、八进制、十六进制形式；float型常量、double型常量的十进制小数形式、十进制指数形式；char型常量形式，常用转义字符；字符串常量形式；符号常量的命名、定义与使用。

（3）基本类型变量的命名、声明、初始化及使用。

（4）使用函数返回值作为操作数。

3．运算符和表达式的表示及使用：

（1）表达式的一般组成。

（2）运算符功能、表达式的组成及表达式的值：赋值运算符与赋值表达式，赋值运算符的左值要求；算术运算符与算术表达式，++、- -运算符的左值要求；关系运算符与关系表达式；逻辑运算符与逻辑表达式，含有&&、||运算符的表达式的操作数求值顺序与优化处理；逗号运算符与逗号表达式，逗号表达式的操作数求值顺序；条件运算符与条件表达式；位运算符与位运算表达式。

（3）运算符的目数。

（4）运算符的优先级与结合性。

（5）表达式运算中操作数类型的自动转换与强制转换。

二、基本语句

（1）实现顺序结构的语句：表达式语句（包括函数调用语句）、空语句、复合语句；标准。设备文件输入输出函数：printf()、scanf()、getchar()、putchar()、gets ()、puts()。

（2）实现选择结构的语句：if…else…语句、switch语句和break语句。

（3）实现循环结构的语句：while语句、do…while语句、for语句。

（4）其他语句：break、continue、return。

三、构造类型数据

1．基本类型数组（一维、二维）

（1）数组的命名、声明及初始化。

（2）数组的存储结构。

（3）数组元素的引用。

（4）字符数组的使用（字符串的存储及基本操作）。

2．结构体变量和数组

（1）结构体数据类型的定义。

（2）结构体变量、结构体数组的声明及初始化。

（3）结构体变量中成员、结构体数组元素中成员的赋值和引用。

3．联合体变量和数组

（1）联合体数据类型的定义。

（2）联合体变量和数组的声明。

（3）联合体变量中成员、联合体数组元素中成员的赋值和引用。

四、函数

1．非递归函数的定义、声明、调用及执行过程

（1）函数的定义：函数命名；函数类型（返回值类型）：基本数据类型、结构体类型、指针类型；函数形式参数的声明；函数体定义、函数返回值与 return 语句的使用。

（2）函数的声明（函数原型）。

（3）函数的调用。

2．递归函数的定义、声明、调用及执行过程

3．函数调用时参数的传递

（1）传数值：将常量或表达式的值传递给函数；将基本类型变量的值传递给函数，将数组元素的值传递给函数；将结构体变量中一个成员的值传递给函数；将结构体变量全部成员的值传递给函数。

（2）传地址值：将基本类型变量、结构体变量的地址值传递给函数；将基本类型数组元素、结构体类型数组元素的地址值传递给函数。

（3）函数调用时实际参数类型与形式参数类型的兼容。

4．函数返回值的产生

（1）从函数返回一个常量的值、一个表达式的值、一个基本类型变量的值、一个数组元素的值、结构体变量中一个成员的值。

（2）从函数返回一个结构体变量全部成员的值。

5．变量的作用域：全局变量、局部变量与函数的形式参数变量的作用域。

6．局部变量、函数形式参数变量的存储类型和生存期。

7．main 函数命令行参数。

五、指针类型数据

1．指针与地址的概念，取地址运算符“&”的使用。

2．基本类型变量的指针操作：

（1）基本类型变量指针的获得。

（2）指向基本类型变量的指针变量的声明、初始化、赋值及使用，指针变量的基本类型。

（3）间接引用运算符“*”的使用。

3．基本类型数组的指针操作

（1）数组元素指针的获得（指针常量）及算术运算。

（2）指向数组元素的指针变量的声明、初始化、赋值、算术运算及引用。

（3）数组行指针的获得（指针常量）及算术运算。

（4）指向数组中一行元素的行指针变量的声明、初始化、赋值、算术运算及引用。

4．结构体变量、结构体数组的指针操作

（1）结构体变量指针、结构体数组元素指针的获得。

（2）指向结构体变量的指针变量的声明、初始化、赋值及引用。

（3）指向结构体数组的指针变量的声明、初始化、赋值、算术运算及引用。

5．函数的指针操作

（1）函数的指针的获得。

（2）指向函数的指针变量的声明、初始化、赋值及引用。

6．指针数组的声明和使用。

7．二级指针的声明和使用。

8．指针作为函数的参数传递给函数：将基本类型变量的指针、结构体变量的指针、数组元素的指针、数组的行指针、函数的指针传递给函数。

六、单向链表的建立与基本操作

（1）结点的数据类型定义。

（2）使用 malloc()函数、free()函数动态申请和释放结点存储区。

（3）链表基本操作：建立一个新链表。遍历一个链表的全部结点、插入新结点、删除结点。

七、枚举类型数据

（1）枚举类型定义。

（2）枚举变量的命名、声明。

（3）枚举常量的使用。

（4）枚举变量的赋值及使用。

八、预处理命令

（1）预处理的概念和特点。

（2）#define 命令及其使用：定义符号常量、定义带参数的宏。

（3）#include 命令及其使用。

九、文件操作

（1）文件指针变量的声明。

（2）缓冲文件系统常用操作函数的使用：fopen()、fclose()、fprintf()、fscanf()、fgetc()、fputc()、fgets()、fputs()、feof()、rewind()、fread()、fwrite()、fseek()。

十、其他常用库函数

（1）数学函数（头文件 math.h）：abs()、fabs()、sin()、cos()、tan()、asin()、acos()、atan()、exp()、sqrt()、pow()、fmod()、log()、log10()。

（2）字符串处理函数（头文件 string.h）：strcmp()、strcat()、strcpy()、strlen()。

（3）字符处理函数（头文件 ctype．h）：isalpha()、isdigit()、islower()、isupper()、isspace()。

十一、应当掌握的一般算法

（1）基本操作：交换，累加，累乘。

（2）非数值计算常用经典算法：穷举，排序（冒泡法、插入法、选择法），归并（或合并），查找（线性法，折半法）。

（3）数值计算常用经典算法：① 级数计算（递推法）、一元非线性方程求根（牛顿迭代法）、矩阵转置；② 一元非线性方程求根（半分区间法）：定积分计算（梯形法、矩形法）、矩阵乘法。

（4）解决各类问题的一般算法。

附录 3

2009年江苏C语言等级考试笔试试卷

一、选择题

第一部分　计算机基础知识

1．在下列有关现代信息技术的一些叙述中，正确的是________。

A．集成电路是20世纪90年代初出现的，它的出现直接导致了微型计算机的诞生

B．集成电路的集成度越来越高，目前集成度最高的已包含几百个电子元件

C．目前所有数字通信均不再需要使用调制解调技术和载波技术

D．光纤主要用于数字通信，它采用波分多路复用技术以增大信道容量

2．最大的10位无符号二进制整数转换成八进制数是________。

A．1023　　B．1777　　C．1000　　D．1024

3．在下列有关目前PC CPU的叙述中，错误的是________。

A．CPU芯片主要是由Intel公司和AMD公司提供的

B．“双核”是指PC主板上含有两个独立的CPU芯片

C．Pentium 4微处理器的指令系统由数百条指令组成

D．Pentium 4微处理器中包含一定容量的Cache存储器

4．在下列有关当前PC主板和内存的叙述中，正确的是________。

A．主板上的BIOS芯片是一种只读存储器，其内容不可在线改写

B．绝大多数主板上仅有一个内存插座，因此PC只能安装一根内存条

C．内存条上的存储器芯片属于SRAM（静态随机存取存储器）

D．目前内存的存取时间大多在几个到十几个ns（纳秒）之间

5．在下列有关PC辅助存储器的叙述中，正确的是________。

A．硬盘的内部传输速率远远大于外部传输速率

B．对于光盘刻录机来说，其刻录信息的速度一般小于读取信息的速度

C．使用USB 2.0接口的移动硬盘，其数据传输速率大约为每秒数百兆字节

D．CD-ROM的数据传输速率一般比USB 2.0还快

6．在下列PC I/O接口中，数据传输速率最快的是________。

A．USB 2.0　　B．IEEE-1394　　C．IrDA（红外）　　D．SATA

7．计算机软件可以分为商品软件、共享软件和自由软件等类型。在下列相关叙述中，错误的是________。

A．通常用户需要付费才能得到商品软件的使用权，但这类软件的升级总是免费的

B．共享软件通常是一种“买前免费试用”的具有版权的软件

C．自由软件的原则是用户可共享，并允许拷贝和自由传播

D．软件许可证是一种法律合同，它确定了用户对软件的使用权限

8．人们通常将计算机软件划分为系统软件和应用软件。下列软件中，不属于应用软件类型的是________

A．AutoCAD　　B．MSN　　C．Oracle　　D．Windows Media Player

9．在下列有关 Windows 98/2000/XP 操作系统的叙述中，错误的是________。

A．系统采用并发多任务方式支持多个任务在计算机中同时执行

B．系统总是将一定的硬盘空间作为虚拟内存来使用

C．文件（夹）名的长度可达 200 多个字符

D．硬盘、光盘、优盘等均使用 FAT 文件系统

10．在下列有关算法和数据结构的叙述中，错误的是________。

A．算法通常是用于解决某一个特定问题，且算法必须有输入和输出

B．算法的表示可以有多种形式，流程图和伪代码都是常用的算法表示方法

C．常用的数据结构有集合结构、线性结构、树形结构和网状结构等

D．数组的存储结构是一种顺序结构

11．因特网的 IP 地址由三个部分构成，从左到右分别代表________。

A．网络号、主机号和类型号　　B．类型号、网络号和主机号

C．网络号、类型号和主机号　　D．主机号、网络号和类型号

12．在下列有关 ADSL 技术及利用该技术接入因特网的叙述中，错误的是________。

A．从理论上看，其上传速度与下载速度相同

B．一条电话线上可同时接听/拨打电话和进行数据传输

C．利用 ADSL 技术进行数据传输时，有效传输距离可达几公里

D．目前利用 ADSL 技术上网的计算机一般需要使用以太网网卡

13．人们往往会用“我用的是 10M 宽带上网”来说明自己计算机连网的性能，这里的“10M”指的是数据通信中的________指标。

A．最高数据传输速率　　B．平均数据传输速率

C．每分钟数据流量　　D．每分钟 IP 数据包的数

14．计算机局域网按拓扑结构进行分类，可分为环型、星型和________型等。

A．电路交换　　B．以太　　C．总线　　D．对等

15．网络信息安全主要涉及数据的完整性、可用性、机密性等问题。保证数据的完整性就是________。

A．保证传送的数据信息不被第三方监视和窃取

B．保证发送方的真实身份

C．保证传送的数据信息不被篡改

D．保证发送方不能抵赖曾经发送过某数据信息

16．某计算机系统中，西文使用标准 ASCII 码、汉字采用 GB2312 编码。设有一段纯文本，其机内码为 CB F5 DO B4 50 43 CA C7 D6 B8，则在这段文本中含有：________。

A．2 个汉字和 1 个西文字符　　B．4 个汉字和 2 个西文字符

C．8 个汉字和 2 个西文字符　　D．4 个汉字和 1 个西文字符

17．以下关于汉字编码标准的叙述中，错误的是________。

A．GB2312 标准中所有汉字的机内码均用双字节表示

B．我国台湾地区使用的汉字编码标准 BIG 5 收录的是繁体汉字

C．GB18030 汉字编码标准收录的汉字在 GB2312 标准中一定能找到

D．GB18030 汉字编码标准既能与 UCS（Unicode）接轨，又能保护已有中文信息资源

18．若波形声音未进行压缩时的码率为 64kb/s，已知取样频率为 8kHz，量化位数为 8，那么它的声道数是________

A．1　　B．2　　C．4　　D．8

19．从信息处理的深度来区分信息系统，可分为业务处理系统、信息检索系统和信息分析系统等。在下列几种信息系统中，不属于业务处理系统的是________。

A．DSS　　B．CAI　　C．CAM　　D．OA

20．在下列有关信息系统开发、管理及其数据库设计的叙述中，错误的是________。

A．常用的信息系统开发方法可分为结构化生命周期方法、原型法、面向对象方法和 CASE 方法等

B．在系统分析中常常使用结构化分析方法，并用数据流程图和数据字典来表达数据和处理过程的关系

C．系统设计分为概念结构设计、逻辑结构设计和物理结构设计，通常用 E-R 模型作为描述逻辑结构的工具

D．从信息系统开发过程来看，程序编码、编译、连接、测试等属于系统实施阶段的工作

第二部分　C 程序设计

21．以下定义和声明中，语法均有错误的是________。

①int j(int x){}　②int f(int f){}　③int 2x=1;　④struet for{int x;};

A．②③　　B．③④　　C．①④　　D．①②③④

22．设有定义和声明如下:

```
#define d  2
int x=5;float Y =3.83;char c='d';
```

以下表达式中有语法错误的是________。

A．x++　　B．y++　　C．c++　　D．d++

23．以下选项中，不能表示函数功能的表达式是________。

A．s=(X>0)?1:(X<0)?-1:0　　B．s=X<0?-1:(X>0?1:0)

C．s=X<=0?-1:(X==0?0:1)　　D．s=x>0?1:x==0?0:-1

24．以下语句中有语法错误的是________。

A．printf("%d",0e);　　B．printf("%f",0e2);

C．printf("%d",Ox2);　　D．printf("%s","0x2");

25．以下函数定义中正确的是________。

A．double fun(double x,double y){}　　B．double fun(double x;double Y){}

C．double fun(double x,double Y);{}　　D．double fun(double X,Y){}

26．若需要通过调用f函数得到一个数的平方值，以下f函数定义中不能实现该功能的是________。

A．void f(double *a){*a=(*a)*(*a);}　B．void f(double a,double *b){*b=a*a;}

C．void f(double a,double b){b=a*a;}　D．double f(double a){return a*a;}

27．设有声明“int P[10]={1,2},i=0;”，以下语句中与“P[i]=P[i+1],i++;”等价的是________。

A．P[i]=P[i++];　B．P[++i]=P[i];　C．P[++i]=P[i+1];　D．i++,P[i-1]=P[i];

28．已知有声明“char a[]="It is mine",*p="It is mine";”，下列叙述中错误的是________。

A．strcpy(a,"yes")和strcpy(p,"yes")都是正确的

B．a="yes"和p="yes"都是正确的

C．*a等于*p

D．sizeof(a)不等于sizeof(p)

29．已知有声明“int a[3][3]={0},*p1=a[1],(*p2)[3]=a;”，以下表达式中与“a[1][1]=1”不等价的表达式是________。

A．*(p1+1)=1　B．p1[1][1]=1　C．*(*(p2+1)+1)=1　D．p2[1][1]=1

30．设有结构体定义及变量声明如下：

```
struct product
{char code[5];
float price;
}y[4]={"100",100}"
```

以下表达式中错误的是________。

A．(*y).code[0]='2';B．y[0].code[0]='2';　C．y->price=10;　D．(*y)->price=10;

二、填空题（将答案填写在答题纸的相应答题号内，每个答案只占一行，共30分）

（一）基本概念

1．在一个C语言源程序中，必不可少的是___(1)___。

2．若有声明“int x;”且sizeof(x)的值为2，则当x值为___(2)___时“x+1>x”为假。

3．若有声明“float y=3.14619;int x;”，则计算表达式“x=y*100+0.5,Y=x/100.0”后y的值是___(3)___。

4．执行以下程序段中的语句“k=M*M+1”后k的值是___(4)___。

```
#define N 2
#define M N+1
k=M*M+1:
```

（二）阅读程序

5．以下程序运行时输出结果是___(5)___。

```
#include<stdio.h>
void main()
```

```
{double x[3]={1.1,2.2,3.3},Y;
FILE *fp=fopen("d:\\a.out","wb+");
fwrite(x,sizeof(double),3,fp)"
fseek(fp,2L*sizeof(double),SEEK_SET);
fread(&y,sizeof(double),1,fp)"
printf("%.1f",y);
fclose(fp)"
}
```

6. 以下程序运行时输出结果是＿（6）＿。

```
#include<stdio.h>
void main()
{  int k=5,n=0;
while(k>0)
{  switch(k)
   {  case 1:
      case 3:n+=1;k--;break"
      default:n=0;k--;
      case 2:
      case 4: n+=2;k--;break;
   }
}
printf("%3d",n);
}
}
```

7. 以下程序运行时输出结果是＿（7）＿。

```
#include<stdio.h>
void change(int x,int Y,int *z)
{  int t;
   t=x;x=y;y=*z;*z=t;
}
void main()
{  int x=18,y=27,z=63;
   change(x,y,&z);
   printf("x=%d,y=%d,z=%d\n",x,y,z);
}
```

8. 以下程序运行时输出结果是＿（8）＿。

```
#include<stdio.h>
int f(int x,int y)
{retum x+y;  }
void main()
{double a=5.5,b=2.5;
```

```
printf("%d",f(a,b));
}
```

9. 以下程序运行时输出结果中第一行是___(9)___，第三行是___(10)___。

```
#include<stdio.h>
define N 5
void main()
{  static char a[N][N];
   int i,j,t,start=0,end=N-1;
   char str[]="123",ch;
   for(t=0;t<=N/2;t++)
   {  ch=str[t];
      for(i=j-start;i<end;i++)a[i][j]=ch;
      for(j=start;j<end;j++)a[i][j]=ch;
      for(i=end;i>start;i--)a[i][j]=ch;
      for(j=end;j>start;j--)a[i][j]=ch;
      if(start==end) a[start][end]=ch;
      start++,end--;
   }
   for(i=0;i<N;i++)
   {  for(j=0;j<N;j++)
       printf("%c",a[i][j]);
      printf("\n");
    }
}
```

10. 以下程序运行时输出结果中的第一行是___(11)___，第二行是___(12)___。

```
#include<stdio.h>
void fun(int x,int P[],int *n)
{  int i,j=0;
   for(i=1;i<=x/2;i++)
     if(x%i==0)p[j++]=i;
   *n=j:
}
void main()
{int x,a[10],n,i;
fun(27,a,&n);
for(i=0;i<n;i++)
   printf("%5d",a[i]);
printf("\n%5d",n);
}
```

11. 以下程序运行时输出结果是___(13)___。

```
#include<stdio.h>
#include<ctype.h>
```

```
int count(char s[])
{  int i=0;
   if(s[i]=='\0')  return 0;
   while(isalpha(s[i]))i++;
   while(!isalpha(s[i])&&s[i]!='\0')i++;
   return 1+count(&s[i]);
}
void main()
{char line[]="one world,one dream.";
 printf("%d",count(line));
}
```

12. 以下程序运行时输出结果中第一行是＿（14）＿，第二行是＿（15）＿。

```
#include<stdio.h>
int fun(char *a,char *b)
{int m=0,n=0:
while(*(a+m)!='\0')m++;
while(b[n])
{ *(a+m)=b[n];m++;n++;    }
  *(a+m)='\0';
return m;
}
void main()
{char s1[20]="yes",s2[5]="no";
printf("%d\n",fun(s1,s2));
puts(s1);
}
```

13. 以下程序运行时输出结果中第一行是＿（16）＿，第二行是＿（17）＿，第三行是＿（18）＿。

```
#include<stdio.h>
typedef struct{int x;int y;}S;
void fun(S pp[],int n)
{int i,j,k;S t;
  for(i=0;i<n-1;i++)
  {  k=i;
   for(j=i+1;j<n;j++)
     if((pp[j].x<pp[k].x)||(pp[j].x==pp[k].x&&pp[j].y<pp[k].y))
      k=j;
     if(k!=i)
      {t=pp[i];pp[i]=pp[k];pp[k]=t;}
  }
}
void main()
```

```
{S a[5]={{3,2},{3,1},{1,2},{2,4},{2,3}};
 int i,n=5;
fun(a,n);
for(i=0;i<n;i++)
  printf("%d,%d\n",a[i].x,a[i].y);
}    .
```

（三）完善程序

14．以下程序求一组整数的最大公约数，试完善程序以达到要求的功能。

```
#include<stdio.h>
int gcd(int a,int b)    i
{int r;
 while(___(19)___)
 {r=a%b;a=b;(___(20)___);}
  return a;
}
void main()
{int x,i,a[6]={12,56,48,32,16,24};
                              x= (___(21)___)   ;
for(i=1;i<6;i++)
x=gcd(___(22)___,a[i]);
printf("(%d,",a[0])
for(i=1;i<5;i++)
 printf("%d,",a[i]);
printf("%d)=;d\n",a[5],x);
}
```

15．以下程序完成两个长正整数的加法运算并输出计算结果。函数add模拟手工加法运算的过程，将a和b指向的数组中存储的两个以字符串形式表示的n位正整数相加，并将运算结果以字符串形式保存到c指向的数组中。main函数中pl和p2数组分别存放被加数字符串和加数字符串，p3数组存放运算结果字符串。若p1中的字符串为“1000000001”、p2中的字符串为“9000000009”，调用add函数后p3得到的是以字符串表示的这两个整数相加的结果“10000000010”。试完善程序以达到要求的功能。

```
#include "stdio.h"
#include "string.h"
void add(char a[],char b[],char c[],___(23)___)
{int i,k;
c[n]='\0';k=0;
for(i=n-1;i>=0;i--)
{c[i]=(a[i]-'0')+(b[i]-'0')+k;
 k=___(24)___;
 c[i]=c[i]%10+'0';
}
if(k)
```

```
{for(i=n+1;i>0;i--)
  c[i]=____(25)____;
 c[i]=k+'0';
}
}
void main()
{char p1[80]="1000000001",pz[80]="9000000009",p3[80];
int i,x=strlen(p1),y=strlen(p2);
if(x<y)
{ for(i=x;i>=0;i--)
  {p1[i+y-x]=p1[i];p1[i]='0';}
  ____(26)____;
}
if(x>y)
 for(i=y;i>=0;i--)
 {p2[i+x-y]=p2[i];p2[i]='0';}
add(p1,p2,p3,x);
puts(p3);
}
```

16. 以下程序创建一个链表并实现数据统计功能。函数 WORD *create(char a[][20], int n)创建一个包含 n 个结点的单向链表，结点数据来自 a 指向的数组中存储的 n 个单词（字符串）。函数 void count(WORD *h)统计 h 指向的单向链表中不同单词各自出现的次数，将统计结果保存到局部数组 c 中并输出。程序运行时输出结果为“red:1　green:2　blue:3”，试完善程序以达到要求的功能。

```
#include "stdio.h"
#include "stdlib.h"
#include "string.h"
typedef struct w
{char word[20];
struct w *next:
}WORD;
WORD *create(char a[][20],int n)
{WORD *p1,*p2,*h=0;int i;
for(i=0;i<n;i++)
{p1=(WORD *)malloc(sizeof(WORD));
strcpy(____(27)____,a[i]);
if(h==0)
  h=p2=p1:
else
{p2->next=p1;p2=p1;}
}
p2->next=____(28)____;
return h;
```

```
}
void count(WORD *h)
{  struct
   {char word[20];
    int num;
   }c[6]={0};
int m=0,i;
while(h)
{if(m==0)
  {strcpy(c[0].word,h->word);
   c[0].num=1;m++;
  }
else
{for(i=0;i<m;i++)
   if(strcmp(c[i].word,h->word)==0
    {  (29)  ;
       break;
    }
   if(i>=m)
   {strcpy(c[m].word,h->word);
    c[m++].num=1;
   }
}
  (30)  ;
}
for(i=0;i<m;i++)
  printf("%s: %d",c[i].word,c[i].num);
}
void main()
{char words[6][20]={"red","green","blue","blue","green","blue"};
WORD *head=0:
head=create(words,6);
count(head);
}
```

附录 4

2009年江苏C语言等级考试上机试题

一、改错题

【程序功能】

函数 mergeu 的功能是：合并两个字符集合为一个新集合，每个字符串在新集合中仅出现一次，函数返回新集合中字符串的个数。

【测试数据与运行结果】

测试数据：

```
s1 集合{"while","for","switch","if","continue"}
s2 集合{"for","case","do","else","char","switch"}
```

运行结果：

```
while   for   switch   if  break   continue   case  do  else  char
```

含有错误的源代码：

```
#include <stdio.h>
#include <string.h>
int merge(char s1[ ][10],char s2[ ][10],char s3[ ][10],int m,int n)
{int i,j,k=0;
 for(i=0;i<m;i++)
   s3[k++]=s1[i];
 for(i=0;i<n;i++)
 {for(j=0;j<m;j++)
   if(strcmp(s2[i],s1[j]))
      break;
   if(j>m)
     strcpy(s3[k++],s2[i]);
 }
 return k;
 }

 void main()
 {int i,j;
  char s1[6][10]={ "while","for","switch","if","break","continue"},
```

```
s2[6][10]={ "for","case","do","else","char","switch"},s3[20][10];
j=merge(s1[][10],s2[][10],s3[ ][10],6,6);
for(i=0;i<j;i++)
  printf("%s ",s3[i]);
}
```

【要求】

1．将上述程序录入到文件 myf1.c 中，根据题目要求及程序中语句之间的逻辑关系对程序中的错误进行修改。

2．改错时，可以修改语句中的一部分内容，调整语句次序，增加少量的变量说明或编译预处理命令，但不能增加其他语句，也不能删去整条语句。

3．改正后的源程序（文件名 myf1.c）保存在 T 盘根目录中供阅卷使用，否则不予评分。

二、编程题

【程序功能】

从一个指定的自然数 n0 开始，按以下公式生成一个数列，直到 n(i+1)为 1，计算数列的长度（数列中数的个数），当 n(i)是偶数时，n(i+1)=ni/2，当 n(i)是奇数时，n(i+1)=3*ni+1 例如：当 n0=7 时生成的数列为：7，22，11，34，17，52，26，13，40，20，10，5，16，8，4，2，1。该数列的长度为 17。

【编程要求】

（1）编写函数 “int linkrun(int a，int b，int *p)”，以[a，b]中所有自然数作为 n0 可以生成 b–a+1 个满足上述特性的数列，求出这些数列的长度并依次保存到 p 指向的数组中，函数返回 p 数组中的最大值。

（2）编写 main 函数，声明变量 a、b 和一维数组 P，接收键盘输入的两个自然数保存到 a、b 变量中，以 a、b 和 P 作为实参调用 linkrun 函数，将 P 数组中存储的各数列的长度值和最大值输出到屏幕及结果文件 myf2.out 中。最后将考生本人的准考证号字符串也保存到结果文件 myf2.out 中。

【测试数据与运行结果】

测试数据：a=5 b=9

运行结果：

```
6    9    17    4  20
max=20
```

【要求】

（1）源程序文件名为 myf2.c，输出结果文件名为 myf2.out。

（2）数据文件的打开、使用、关闭均用 C 语言标准库中缓冲文件系统的文件操作函数实现。

（3）源程序文件和运行结果文件均需保存在 T 盘根目录中供阅卷使用。

（4）不要复制扩展名为 obj 和 exe 的文件到 T 盘中。

附录 5

2009年江苏C语言等级考试笔试试卷参考答案

一、选择题

第一部分　计算机基础知识

1. D　2. B　3. B　4. D　5. B　6. D　7. A　8. C　9. D　10. A　11. B　12. A
13. A　14. C　15. C　16. B　17. C　18. A　19. A　20. C

第二部分　C 程序设计

21. B　22. D　23. C　24. A　25. A　26. C　27. D　28. B　29. B　30. D

二、填空题

（1）main 函数定义　（2）32767　（3）3.15　（4）　6　（5）3.3　（6）2　3　5　6
（7）x=18, y=27 , z=18　（8）7　（9）11111　（10）12321　（11）1　3　9　（12）3
（13）4　（14）5　（15）yesno　（16）1, 2　（17）2, 3　（18）2,4　（19）b 或 b!=0
（20）b=r　（21）a[0]　（22）x　（23）int n　（24）c[i]/10　（25）c[i-1]　（26）x=y
（27）p1->word　（28）0 或 NULL　（29）c[i].min++　（30）h=h->next

附录 6

全国计算机等级考试二级 C 语言考试大纲

基本要求

（1）熟悉 Visual C++ 6.0 集成开发环境。

（2）掌握结构化程序设计的方法，具有良好的程序设计风格。

（3）掌握程序设计简单的数据结构和算法并能阅读简单的程序。

（4）在 Visual C++ 6.0 集成环境下，能够编写简单的 C 程序，并具有基本的纠错和调试程序的能力。

考试内容

1．C 语言程序的结构

（1）程序的构成，main 函数和其他函数。

（2）头文件，数据说明，函数的开始和结束标志及程序中的注释。

（3）源程序的书写格式。

（4）C 语言的风格。

2．数据类型及其运算

（1）C 的数据类型（基本类型，构造类型，指针类型，无值类型）及其定义方法。

（2）C 运算符的种类、运算优先级和结合性。

（3）不同类型数据间的转换与运算。

（4）C 表达式类型（赋值表达式，算术表达式，关系表达式，逻辑表达式，条件表达式，逗号表达式）和求值规则。

3．基本语句

（1）表达式语句，空语句，复合语句。

（2）输入输出函数的调用，正确输入数据并正确设计输出格式。

4．选择结构程序设计

（1）用 if 语句实现选择结构。

（2）用 switch 语句实现多分支选择结构。

（3）选择结构的嵌套。

5．循环结构程序设计

（1）for 循环结构。

（2）while 和 do…while 循环结构。

（3）continue 语句和 break 语句。

（4）循环的嵌套。

6．数组的定义和引用

（1）一维数组和二维数组的定义、初始化和数组元素的引用。

（2）字符串与字符数组。

7．函数

（1）库函数的正确调用。

（2）函数的定义方法。

（3）函数的类型和返回值。

（4）形式参数与实际参数，参数值的传递。

（5）函数的正确调用，嵌套调用，递归调用。

（6）局部变量和全局变量。

（7）变量的存储类别（自动，静态，寄存器，外部），变量的作用域和生存期。

8．编译预处理

（1）宏定义和调用（不带参数的宏，带参数的宏）。

（2）“文件包含”处理。

9．指针

（1）地址与指针变量的概念，地址运算符与间址运算符。

（2）一维、二维数组和字符串的地址及指向变量、数组、字符串、函数、结构体的指针变量的定义。通过指针引用以上各类型数据。

（3）用指针做函数参数。

（4）返回地址值的函数。

（5）指针数组，指向指针的指针。

10．结构体与共用体

（1）用 typedef 说明一个新类型。

（2）结构体和共用体类型数据的定义和成员的引用。

（3）通过结构体构成链表，单向链表的建立，结点数据的输出、删除与插入。

11．位运算

（1）位运算符的含义和使用。

（2）简单的位运算。

12．文件操作

只要求缓冲文件系统（即高级磁盘 I/O 系统），对非标准缓冲文件系统不要求。

（1）文件类型指针（FILE 类型指针）。

（2）文件的打开与关闭（fopen，fclose）。

（3）文件的读写（fputc，fgetc，fputs，fgets，fread，fwrite，fprintf，fscanf 函数的应用），文件的定位（rewind，fseek 函数的应用）。

考试方式

（1）笔试：90 分钟，满分 100 分，其中含公共基础知识部分的 30 分。

（2）上机：90 分钟，满分 100 分。

上机操作包括：

（1）填空　（2）改错　（3）编程

附录 7

全国计算机等级考试二级 C 语言 2009 年笔试试卷

一、选择题（(1)～(10)、(21)～(40)）每题 2 分，(11)～(20) 每题 1 分，共 70 分）

下列各题 A、B、C、D 四个选项中，只有一个选项是正确的，请将正确选项涂写在答题卡相应位置上，答在试卷上不得分。

（1）下列叙述中正确的是（　　）。

A．栈是“先进先出”的线性表

B．队列是“先进后出”的线性表

C．循环队列是非线性结构

D．有序线性表既可以采用顺序存储结构，也可以采用链式存储结构

（2）支持子程序调用的数据结构是（　　）。

A．栈　　B．树　　C．队列　　D．二叉树

（3）某二叉树有 5 个度为 2 的结点，则该二叉树中的叶子结点数是（　　）。

A．10　　B．8　　C．6　　D．4

（4）下列排序方法中，最坏情况下比较次数最少的是（　　）。

A．冒泡排序　　B．简单选择排序　　C．直接插入排序　　D．堆排序

（5）软件按功能可以分为：应用软件、系统软件和支撑软件（或工具软件）。下面属于应用软件的是（　　）。

A．编译程序　　B．操作系统　　C．教务管理系统　　D．汇编程序

（6）下面叙述错误的是（　　）。

A．软件测试的目的是发现错误并改正错误

B．对被调试的程序进行“错误定位”是程序调试的必要步骤

C．程序调试通常也称为 Debug

D．软件测试应严格执行测试计划，排除测试的随意性

（7）耦合性和内聚性是对模块独立性度量的两个标准。下面叙述中正确的是（　　）。

A．提高耦合性降低内聚性有利于提高模块的独立性

B．降低耦合性提高内聚性有利于提高模块的独立性

C．耦合性是指一个模块内部各个元素间彼此结合的紧密程度

D．内聚性是指模块间互相连接的紧密程度

（8）数据库应用系统中的核心问题是（　　）。

A．数据库设计　　B．数据库系统设计

C．数据库维护　　D．数据库管理员培训

（9）有两关系R，S如下：

R

A	B	C
a	3	2
b	0	1
c	2	1

S

A	B
a	3
b	0
c	2

由关系R通过运算得到关系S，则所使用的运算为（　　）。

A．选择　　B．投影　　C．插入　　D．连接

（10）将E-R图转换为关系模式时，实体和联系都可以表示为（　　）。

A．属性　　B．键　　C．关系　　D．域

（11）以下选项中合法的标识符是（　　）。

A．1_1　　B．1—1　　C．_11　　D．1__

（12）若函数中有定义语句“int　k;”，则（　　）。

A．系统将自动给k赋初值0　　B．这时k中的值无定义

C．系统将自动给k赋初值–1　　D．这时k中无任何值

（13）以下选项中，能用作数据常量的是（　　）。

A．o155　　B．0118　　C．1.5e1.5　　D．115L

（14）设有定义“int　x=2;”，以下表达式中，值不为6的是（　　）。

A．x*=x+1　　B．x++，2*x　　C．x*=(1+x)　　D．2*x，x+=2

（15）程序段：“int　x=12；double　y=3.141593；printf("%d%8.6f"，x，y);”的输出结果是（　　）。

A．123.141593　　B．12 3.141593　　C．12,3.141593　　D．123.1415930

（16）若有定义语句“double　x,y,*px,*py;”，执行了“px=&x；py=&y;”之后，正确的输入语句是（　　）。

A．scanf("%f%f"，x，y);　　B．scanf("%f%f"&x,&y);

C．scanf("%lf%le"，px,py);　　D．scanf("%lf%lf",x,y);

（17）以下是if语句的基本形式：if（表达式）语句，其中“表达式”（　　）。

A．必须是逻辑表达式　　B．必须是关系表达式

C．必须是逻辑表达式或关系表达式　　D．可以是任意合法的表达式

（18）有以下程序：

```
#include  <stdio.h>
main( )
{int  x;
scanf("%d",&x);
if(x<=3); else
if(x!=10)printf("%d\n",x);
}
```

程序运行时，输入的值在哪个范围才会有输出结果（　　）。

A．不等于 10 的整数　　B．大于 3 且不等于 10 的整数

C．大于 3 或等于 10 的整数　　D．小于 3 的整数

（19）有以下程序：

```
#include  <stdio.h>
main()
{int  a=1,b=2,c=3,d=0;
if(a= =1&& b++= =2)
if(b!=2||c--!=3)
    printf("%d,%d,%d\n",a,b,c);
else printf("%d,%d,%d\n",a,b,c);
else printf("%d,%d,%d\n",a,b,c);
}
```

程序运行后的输出结果是（　　）。

A．1,2,3　　B．1,3,2　　C．1,3,3　　D．3,2,1

（20）以下程序中的变量已正确定义：

```
for(i=0;i<4;i++,i++)
    for(k=1;k<3;k++);printf("#");
```

程序段的输出结果是（　　）。

A．########　　B．####　　C．##　　D．#

（21）有以下程序：

```
#include <stdio.h>
main( )
{char  *s={"ABC"};
do
   {printf("%d",*s%10);s++;
   }while(*s);
}
```

注意：字母 A 的 ASCII 码值为 65。程序运行后的输出结果是（　　）。

A．5670　　B．656667　　C．567　　D．ABC

（22）设变量已正确定义，以下不能统计出一行中输入字符个数（不包含回车符）的程序段是（　　）。

A．n=0;while((ch=getchar())!='\n')n++;

B．n=0;while(getchar()!='\n')n++;

C．for(n=0;getchar()!='\n';n++);

D．n=0;for(ch=getchar();ch!= '\n';n++);

（23）有以下程序：

```
#include <stdio.h>
main()
{int a1,a2,char  c1,c2;
scanf("%d%c%d%c",&a1,&c1,&a2,&c2);
printf("%d,%c,%d,%c",a1,c1,a2,c2);
}
```

若想通过键盘输入，使得a1的值为12，a2的值为34，c1的值为字符a，c2的值为字符b，程序输出结果是：12，a，34，b，则正确的输入格式是（以下∪代表空格，<CR>代表回车）（　　）。

A．12a34b<CR>　　B．12∪a∪34∪b<CR>

C．12,a,34,b<CR>　　D．12∪a34∪b<CR>

（24）有以下程序：

```
#include <stdio.h>
int  f(int x,int y)
{return((y-x)*x); }
main( )
{int a=3,b=4,c=5,d;
d=f(f(a,b),f(a,c));
printf("%d\n",d);
}
```

程序运行后的结果是（　　）。

A．10　　B．9　　C．8　　D．7

（25）有以下程序：

```
#include  <stdio.h>
void  fun(char  *s)
{while(*s)
    {if(*s%2= =0)printf("%c",*s);
s++;
}
}
main( )
{char  a[ ]={"good"};
 fun(a); printf("\n");
}
```

注意：字母a的ASCII码值为97，程序运行后的输出结果是（　　）。

A．d　　B．go　　C．god　　D．good

（26）有以下程序：

```
#include  <stdio.h>
void fun(int  *a,int  *b)
{int  *c;
c=a; a=b; b=c;
}
main( )
{int x=3,y=5,*p=&x,*q=&y;
fun(p,q);printf("%d,%d,",*p,*q);
fun(&x,&y); printf("%d,%d\n",*p,*q);
}
```

程序运行后的输出结果是（　　）。

A．3,5,5,3　　B．3,5,3,5　　C．5,3,3,5　　D．5,3,5,3

（27）有以下程序：

```
#include  <stdio.h>
void  f(int  *p,int  *q);
main( )
{int m=1,n=2,*r=&m;
f(r,&n);printf("%d,%d",m,n);
}
void  f(int *p,int  *q)
{p=p+1;*q=*q+1;}
```

程序运行后的输出结果是（　　）。

A．1,3　　B．2,3　　C．1,4　　D．1,2

（28）以下函数按每行 8 个输出数组中的数据：

```
void  fun(int  *w,int  n)
{int  i;
for(i=0;i<n;i++)
{__________
printf("%d",w[i]);
}
printf("\n");
}
```

下划线处应填入的语句是（　　）。

A．if(i/8= =0)printf("\n");　　B．if(i/8= =0)continue;

C．if(i%8= =0)printf("\n");　　D．if(i%8= =0) continue;

（29）若有以下定义：

```
int  x[10],*pt=x;
```

则对x数组运算的正确引用是（　　）。

A．*&x[10]　　B．*(x+3)　　C．*(pt+10)　　D．pt+3

（30）设有定义“char s[81]；int　i=0；”，以下不能将一行（不超过80个字符）带有空格的字符串正确读入的语句或语句组是（　　）。

A．gets(s);

B．while((s[i++]=getchar())!='\n')；s[i]= ='\0'

C．scanf("%s",s);

D．do {scanf("%c"，&s[i])；}while(s[i++]!='\n')；s[i]= '\0';

（31）有以下程序：

```
#include  <stdio.h>
main()
{char  *a[ ]={"abcd","ef","gh","ijk"};int  i;
for(i=0;i<4;i++)printf("%c",*a[i]);
}
```

程序运行后的输出结果是（　　）。

A．aegi　　B．dfhk　　C．abcd　　D．abcdefghijk

（32）以下选项中正确的语句组是（　　）。

A．char　s[ ]；s="BOOK! "；　　B．char　*s；s={"BOOK! "}；

C．char　s[10]；s="BOOK! "；　　D．char　*s；s="BOOK! "；

（33）有以下程序：

```
#include  <stdio.h>
int  fun(int x,iint y)
{if(x= =y)return (x);
  else  return((x+y)/2);
}
main()
{int  a=4,b=5,c=6;
printf("%d\n",fun(2*a,fun(b,c)));
}
```

程序运行后的输出结果是（　　）。

A．3　　B．6　　C．8　　D．12

（34）设函数中有整型变量n，为保证其在未赋初值的情况下初值为0，应选择的存储类型是（　　）。

A．auto　　B．register　　C．static　　D．auto或register

（35）有以下程序：

```
#include  <stdio.h>
int  b=2;
int  fun(int  *k)
{b=*k+b; return(b); }
```

```
main( )
{int  a[10]={1,2,3,4,5,6,7,8}, i;
for(i=2; i<4; i++){b=fun(&a[i])+b; printf("%d",b); }
printf("\n");
}
```

程序运行后的输出结果是（　　）。

A. 10 12　　B. 8 10　　C. 10 28　　D. 10 16

（36）有以下程序：

```
#include  <stdio.h>
#define  PT  3.5;
#define  S(x)    PT*x*x;
main( )
{int  a=1, b=2; printf("%4.1f\n", S(a+b)); }
```

程序运行后的输出结果是（　　）。

A. 14.0　　B. 31.5　　C. 7.5　　D. 程序有错无输出结果

（37）有以下程序：

```
#include  <stdio.h>
struct  ord
{int  x,y; }dt[2]={1,2,3,4};
main( )
{struct  ord  *p=dt;
printf("%d, ", ++p→x); printf("%d\n", ++p→y);
}
```

程序运行后的输出结果是（　　）。

A. 1,2　　B. 2,3　　C. 3,4　　D. 4,1

（38）设有宏定义“#define　IsDIV(k,n)((k%n= =1)?1:0)”且变量 m 已正确定义并赋值，则宏调用“IsDIV(m,5)&&IsDIV(m,7)”为真时所要表达的是（　　）。

A. 判断 m 是否能被 5 或 7 整除　　B. 判断 m 是否能被 5 和 7 整除

C. 判断 m 被 5 或 7 整除是否余 1　　D. 判断 m 被 5 和 7 整除是否余 1

（39）有以下程序：

```
#include  <stdio.h>
main( )
{int a=5,b=1,t;
  t=(a<<2)1b;printf("%d\n",t)
}
```

程序运行后的输出结果是（　　）。

A. 21　　B. 11　　C. 6　　D. 1

（40）有以下程序：

```
#include  <stdio.h>
```

```
main( )
{FILE *f;
f=fopen("filea.txt","w");
fprintf(f, "abc");
fclose(f);
}
```

若文本文件 filea.txt 中原有内容为：hello，则运行以上程序后，文件 filea.txt 中的内容为（　　）。

A．helloabc　　B．abclo　　C．abc　　D．abchello

二、填空题（每空 2 分，共 30 分）

请将每一个空的正确答案写在答题卡＿【1】＿至＿【15】＿序号的横线上，答在试卷上不得分。

（1）假设用一个长度为 50 的数组（数组元素的下标从 0 到 49）作为栈的存储空间，栈底指针 bottom 指向栈底元素，栈顶指针 top 指向栈顶元素，如果 bottom=49，top=30（数组下标），则栈中具有＿【1】＿个元素。

（2）软件测试可分为为白盒测试和黑盒测试。基本路径测试属于＿【2】＿测试。

（3）符合结构化原则的三种基本控制结构是：选择结构、循环结构和＿【3】＿。

（4）数据库系统的核心是＿【4】＿。

（5）在 E–R 图中，图形包括矩形框、菱形框、椭圆框。其中表示实体联系的是＿【5】＿框。

（6）表达式“(int)((double)(5/2)+2.5)”的值是＿【6】＿。

（7）若变量 x、y 已定义为 int 类型且 x 的值为 99，y 的值为 9，请将输出语句 printf（＿【7】＿，x/y）；补充完整，使其输出的计算结果形式为：x/y=11。

（8）有以下程序：

```
#include <stdio.h>
main( )
{char c1,c2;
scanf("%c", &c1);
while(c1<65||c1>90)scanf("%c",&c1);
c2=c1+32;
printf("%c, %c\n", c1, c2);
}
```

程序运行输入 65 回车后，能否输出结果、结束运行（请回答能或不能）＿【8】＿。

（9）以下程序运行后的输出结果是＿【9】＿。

```
#include <stdio.h>
main( )
{int k=1, s=0;
do{
```

```
if((k%2)!=0)contimue;
s+=k; k++;
}while(k>10);
printf("s=%d\n", s);
}
```

（10）下列程序运行时，若输入labcedf2df<回车>输出结果为＿＿【10】＿＿。

```
#include <stdio.h>
main( )
{char  a=0, ch;
while((ch=getchar())!='\n')
{if(a%2!=0&&(ch>='a'&&ch<='z'))ch=ch－'a'+'A';
a++; putchar(ch);
}
printf("\n");
}
```

（11）有以下程序，程序执行后，输出结果是＿＿【11】＿＿。

```
#include  <stdio.h>
void  fun(int  *a)
{a[0]=a[1]; }
main( )
{int  a[10]={10,9,8,7,6,5,4,3,2,1}, i;
for(i=2; i>=0; i－－)fun(&a[i]);
for(i=0; i<10; i++)printf("%d", a[i]);
printf("\n");
}
```

（12）请将以下程序中的函数声明语句补充完整。

```
#include  <stdio.h>
int  ____【12】____;
main()
{int  x,y,(*p)( );
scanf("%d%d", &x, &y);
p=max;
printf("%d\n", (*p)(x,y));
}
int  max(int a,int  b)
{return(a>b?a:b); }
```

（13）以下程序用来判定指定文件是否能正常打开，请填空。

```
#include  <stdio.h>
main()
{FILE  *fp;
```

```
if(((fp=fopen("test.txt", "r"))= = 【13】 ))
    printf("未能打开文件! \n");
else
    printf("文件打开成功! \n");
}
```

(14) 下列程序的运行结果为 【14】 。

```
#include <stdio.h>
#include <string.h>
struct A
{int a; char b[10];double c; };
void f(struct A *t);
main( )
{struct A a={1001, "ZhangDa",1098.0};
f(&a); printf("%d,%s,%6.1f\n",a .a,a .b,a .c);
}
void f(struct A *t)
{strcpy(t→b, "ChangRong"); }
```

(15) 以下程序把三个 NODETYPE 型的变量链接成一个简单的链表，并在 while 循环中输出链表结点数据域中的数据。请填空。

```
#include <stdio.h>
struct node
{int data;struct node *next;};
typedef struct node NODETYPE;
main()
{ NODETYPE a,b,c,*h,*p;
a.data=10;b.data=20;c.data=30;h=&a;
a.next=&b;b.next=&c;c.next='\0';
p=h;
while(p){printf("%d,",p→data); 【15】 ; }
printf("\n");
}
```

附录 8

全国计算机等级考试二级 C 语言 2009 年笔试试卷答案

一、选择题

（1）D （2）A （3）C （4）D （5）C （6）A （7）B （8）A （9）B （10）C （11）C （12）B （13）D （14）D （15）A （16）C （17）D （18）B （19）C （20）D （21）C （22）D （23）A （24）B （25）A （26）B （27）A （28）C （29）B （30）C （31）A （32）D （33）B （34）C （35）C （36）D （37）B （38）D （39）A （40）C

二、填空题

（1）【1】20 （2）【2】白盒 （3）【3】顺序结构 （4）数据库管理系统 （5）【5】菱形 （6）【6】4 （7）【7】"x/y=%d" （8）【8】不能 （9）【9】s=0 （10）【10】1AbCeDf2dF （11）【11】7777654321 （12）【12】max(int a,int b)或 max(int,int) （13）【13】NULL （14）【14】1001,ChangRong,1098.0 （15）【15】p=p→next

附录 9

全国计算机等级考试二级 C 语言上机模拟题

一、填空题

请补充 main 函数，该函数的功能是：把一个字符串中的所有小写字母字符全部转换成大写字母字符，其他字符不变，结果保存在原来的字符串中。

例如：当 str[N]="123 abcdef　ABCDEF! "，结果输出："123 ABCDEF ABCDEF! "。

注意：部分源程序给出如下。

请勿改动 main 函数和其他函数中的任何内容，仅在函数 fun 的横线上填入所编写的若干表达式或语句。

试题程序：

```
#include  <stdio.h>
#include <stdlib.h>
#include  <conio.h>
#define  N  80
void  main( )
{
int j;
char str[N]="123abcdef  ABCDEF!";
char  *pf=str;
system("CLS");
puts(str);
 【1】 ;
while (* (pf+j))
{
    if(*(pf+j)>='a' && *(pf+j)<= 'z')
        { *(pf+j)= 【2】 ;
          j++; }
else
 【3】 ;

}
```

```
puts(str);
system("pause");
}
```

二、改错题

下列给定程序中，函数 fun()的功能是逐个比较 a、b 两个字符串对应位置中的字符，把 ASCII 值小或相等的字符依次存放到 c 数组中，形成一个新的字符串。

例如：a 中的字符串为 fshADfg，b 中的字符串为 sdAEdi，则 c 中的字符串应为 fdAADf。

请改正程序中的错误，使它能得到正确结果。

注意：不要改动 main 函数，不得增行或删行，也不得更改程序的结构。

试题程序：

```
#include <stdio.h>
#include <string.h>
void  fun(char  *p,char  *q,char  *c)
{int k=0;
while(*p||*q)
    {if(*p<=*q)
        c[k]=*q;
    else  c[k]=*p;
    if(*p)p++;
    if(*q)q++;
    k++
}
}

void main()
{char  a[10]="fshADfg",b[10]= "sdAEdi",
c[80]={'\0'};
fun(a,b,c);
printf("The  string  a: "); puts(a);
printf("The  string  b: "); puts(b);
printf("The result: "); puts(c);
}
```

三、编程题

请编写函数 fun，其功能是将两个两位数的正整数 a、b 合并形成一个整数放在 c 中。合并的方式是：将 a 数的十位和个位数依次放在 c 数个位和十位上，b 数的十位和个位数依次放在 c 数的百位和千位上。例如，当 a=16，b=35，调用该函数后，c=5361。

注意：部分源程序给出如下。

请勿改动主函数 main 和其他函数中的任何内容，仅在函数 fun 的花括号中填入所编写的若干语句。

试题程序：

```
#include  <stdlib.h>
#include  <stdio.h>
void  fun(int a, int  b, long  *c)
{

}
void main()
{int a,b;
long  c;
system("CLS");
printf("Input  a, b; ");
scanf("%d%d", &a, &b);
fun(a, b, &c);
printf("The  result  is: %ld\n", c);
}
```

附录 10

全国计算机等级考试二级C语言上机模拟题答案

一、填空题

【1】j=0　　【2】*（pf+j）－32　　【3】j++

二、改错题

（1）错误：{if(*p<=*q)　　改为：{if(*p>=*q)
（2）错误：k++　　改为：k++;

三、编程题

```
void fun(int a,int b,long  *c)
{*c=(b%10)*1000+(b/10)*100+(a%10)*10+a/10; }
```

21 世纪高等学校数字媒体专业规划教材

ISBN	书　名	定价（元）
9787302222651	数字图像处理技术	35.00
9787302218562	动态网页设计与制作	35.00
9787302222644	J2ME 手机游戏开发技术与实践	36.00
9787302217343	Flash 多媒体课件制作教程	29.5
9787302208037	Photoshop CS4 中文版上机必做练习	99.00
9787302210399	数字音视频资源的设计与制作	25.00
9787302201076	Flash 动画设计与制作	29.50
9787302174530	网页设计与制作	29.50
9787302185406	网页设计与制作实践教程	35.00
9787302180319	非线性编辑原理与技术	25.00
9787302168119	数字媒体技术导论	32.00
9787302155188	多媒体技术与应用	25.00
9787302224877	数字动画编导制作	29.50

以上教材样书可以免费赠送给授课教师，如果需要，请发电子邮件与我们联系。

教学资源支持

敬爱的教师：

感谢您一直以来对清华版计算机教材的支持和爱护。为了配合本课程的教学需要，本教材配有配套的电子教案（素材），有需求的教师可以与我们联系，我们将向使用本教材进行教学的教师免费赠送电子教案（素材），希望有助于教学活动的开展。

相关信息请拨打电话 010-62776969 或发送电子邮件至 weijj@tup.tsinghua.edu.cn 咨询，也可以到清华大学出版社主页（http://www.tup.com.cn 或 http://www.tup.tsinghua.edu.cn）上查询和下载。

如果您在使用本教材的过程中遇到了什么问题，或者有相关教材出版计划，也请您发邮件或来信告诉我们，以便我们更好地为您服务。

地址：北京市海淀区双清路学研大厦 A 座 708　　计算机与信息分社魏江江　收

邮编：100084　　电子邮件：weijj@tup.tsinghua.edu.cn

电话：010-62770175-4604　　邮购电话：010-62786544

《网页设计与制作》目录

ISBN 978-7-302-17453-0　　蔡立燕　梁　芳　主编

图书简介：

Dreamweaver 8、Fireworks 8 和 Flash 8 是 Macromedia 公司为网页制作人员研制的新一代网页设计软件，被称为网页制作“三剑客”。它们在专业网页制作、网页图形处理、矢量动画以及 Web 编程等领域中占有十分重要的地位。

本书共 11 章，从基础网络知识出发，从网站规划开始，重点介绍了使用“网页三剑客”制作网页的方法。内容包括了网页设计基础、HTML 语言基础、使用 Dreamweaver 8 管理站点和制作网页、使用 Fireworks 8 处理网页图像、使用 Flash 8 制作动画、动态交互式网页的制作，以及网站制作的综合应用。

本书遵循循序渐进的原则，通过实例结合基础知识讲解的方法介绍了网页设计与制作的基础知识和基本操作技能，在每章的后面都提供了配套的习题。

为了方便教学和读者上机操作练习，作者还编写了《网页设计与制作实践教程》一书，作为与本书配套的实验教材。另外，还有与本书配套的电子课件，供教师教学参考。

本书适合应用型本科院校、高职高专院校作为教材使用，也可作为自学网页制作技术的教材使用。

目　　录：